海水淡化工程资源利用计量与系统配置优化

刘思远 等著

燕山大学出版社
·秦皇岛·

图书在版编目(CIP)数据

海水淡化工程资源利用计量与系统配置优化/刘思远等著.—秦皇岛:燕山大学出版社,2023.6

ISBN 978-7-5761-0544-5

Ⅰ.①海… Ⅱ.①刘… Ⅲ.①海水淡化—资源利用—计量②海水淡化—资源利用—水资源管理 Ⅳ.①P747

中国版本图书馆 CIP 数据核字(2023)第 115131 号

海水淡化工程资源利用计量与系统配置优化

HAISHUI DANHUA GONGCHENG ZIYUAN LIYONG JILIANG YU XITONG PEIZHI YOUHUA

刘思远 等著

出 版 人:陈 玉

责任编辑:唐 雷 **策划编辑**:唐 雷

责任印制:吴 波 **封面设计**:吴 波

出版发行:燕山大学出版社 YANSHAN UNIVERSITY PRESS **电 话**:0335-8387555

地 址:河北省秦皇岛市河北大街西段 438 号 **邮政编码**:066004

印 刷:涿州市般润文化传播有限公司 **经 销**:全国新华书店

开 本:710 mm×1000 mm 1/16 **印 张**:14.5

版 次:2023 年 6 月第 1 版 **印 次**:2023 年 6 月第 1 次印刷

书 号:ISBN 978-7-5761-0544-5 **字 数**:259 千字

定 价:75.00 元

本书作者的具体分工

负责人：　刘思远

统稿：　刘思远

第 1、2 章执笔：　韩梦瑶

第 3、5、7、8 章执笔：　刘思远

第 4、10 章执笔：　艾　超

第 6、11 章执笔：　陈立娟

第 9、12 章执笔：　高　伟

案例调查：　赵　璐

统筹：　陈国谦

前　言

随着世界经济发展的突飞猛进和人口的急剧增长，淡水供应危机日益成为世界关注的焦点，海水淡化问题已成为众多科研学者的主要研究方向。与此同时，对海水淡化工程的资源利用成本的要求也日益提高。如果说，过去对于海水淡化工程我们更多地注重直接成本，包括投资成本、运行维护成本和能源消耗成本，那么今后对此工程还要更多地关注来源于商品贸易过程中的间接资源利用成本，例如：隐含水资源使用成本和隐含能耗成本。因为这部分成本在海水淡化工程全生命周期内所占比例较大，甚至有可能超过直接成本，因此，在对海水淡化工程开展资源利用计量时绝对不能忽视。在国家碳中和政策推动下，我国步入了能源结构转型的重要窗口期，从国家资源安全和经济可持续发展的角度，对资源利用计量方法和管理提出了更高的要求。如何在工程能源结构转型设计阶段，做到准确核算和评估资源利用成本，以保证工程改造运转后期的收益，以及在改进设计中，如何通过全生命周期的资源利用核算分析，把握降低淡化水成本措施的方向，这应当成为技术界所瞩目并希望能够顺利解决的课题之一。

海水淡化工程是一项系统工程，发展与生态要素相关的经济要靠系统上的减少资源消耗，不能依靠末端环节资源的节约使用。不计代价、一味追求末端环节的资源节约，甚至不惜影响相关经济活动的进展，必然导致“内部省、外部费”“局部省、整体费”，甚至“内部越省、外部越费”“局部越省、整体越费”的尴尬局面。事实上，这种“越省越费”的恶性循环现象已呈现相当普遍的态势。对资源消耗进行系统科学的计量，除了生产过

程中的直接消耗外，还要考虑生产过程中伴随各种中间环节的间接消耗。在当前全球化背景下，以世界经济为上限，每项中间环节都有其他相关经济部门的产品，整个经济体系构成一个有机网络。原则上，只有对全球、国家、区域等多层次耦合的复杂经济体系进行系统生态网络模拟，才能得到每项产品真正的资源消耗总量。

目前已经有各种有关海水淡化工程的书籍出版，但大都偏重于介绍技术工艺和设备等领域。而本书从另一视角试图全面地阐述海水淡化工程资源利用计量的方法与应用，以使读者获得较系统的知识并了解工程资源计量领域的全貌。全书共计 12 章，可以分为 4 个部分：第 1～3 章介绍生态资源利用计量理论方法；第 4～6 章介绍水资源的系统投入产出分析；第 7～10 章介绍海水淡化工程生态资源利用计量方法的各种案例分析；第 11～12 章介绍基于生态要素核算数据的系统配置优化方法及应用案例。

本书试图尽可能地介绍海水淡化工程资源利用核算与评估的最新研究领域与发展趋势。关于本学科的经典内容，凡属基础理论，也都力求陈述清楚。本书是在参阅大量专业文献、总结课题组多年来的科学研究经验基础上编写而成的。

本书可用作机械工程、生态环境工程以及机械类和经济管理类专业本科生和研究生有关课程的教材或教学参考书，也可作为有关工程管理和技术人员的参考用书。

本书以海水淡化工程为研究对象，研究和开发了一整套准确有效的资源计量新方法和系统能耗配置优化方案，旨在丰富生态要素计量研究领域的理论体系，有效解决海水淡化工程的资源计量与评估数据不可靠的科学难题，以满足实际工程能耗低碳转型改造的实用化需求。以多项不同海水淡化工艺的工程项目为例，围绕工程建造阶段开展核算工作，通过具体项目的概算和决算表建立详细的项目清单，利用系统核算法评估淡化水成本、核算能源消耗量，并对工程各子项目的水资源利用和能源使用情况进行了系统的综合评价。在此基础上，还评估了工程项目供应链中的体现能源和体现水资源的关系，介绍了能水耦合分析基本方法，给出了详细的分析结果及政策建议。

本书由燕山大学刘思远任主编，在本书撰写过程中，我们力争做到推陈出新，因此邀请了中国科学院地理科学与资源研究所韩梦瑶老师，燕山大学机电控制工程专业教授艾超老师以及南京工程学院的青年学者高伟和陈立娟老师共同参与撰写。

本书的研究工作得到了河北省省级科技计划资助，项目类别为河北省科技厅中央引导地方科技发展项目：储能式液压风电海水淡化稳定运行优化与能碳控制研究(236Z4502G)，在本书撰写过程中还得到了燕山大学优秀学术著作及教材出版基金的资助。同时得到了北京大学工学院陈国谦教授的悉心指导和帮助，他对书稿提出了翔实的修订意见，主导了书稿的最终修订工作，谨在此表示衷心感谢。在调研案例原始资料以及搜集相关数据库的过程中，先后得到了秦皇岛正时乐公司孙少博总经理，课题组研究生张建姣、张更新、王忠阳、宋迪、山荃等同学的热情支持，在此一并致谢。

本书如能对国内同行在教学、科研、生产中有所裨益，即达到作者撰写本书之初衷。由于作者水平有限，书中缺点和错误在所难免，敬请同行和读者批评指正。

刘思远

2022 年 5 月 2 日

目　　录

第 1 章

海水淡化工程资源生态要素概论

1.1 引论

随着经济的快速发展和人口的持续增长，淡水短缺已经成为全球性问题。海水淡化作为缓解淡水资源短缺压力的有效手段之一，目前已成为干旱沙漠和沿海地区淡水供应的主要来源。当前，我国正面临资源利用较为严峻的局面，大力发展海水淡化工程，增加淡水资源总量，对于保障工业和居民用水，促进经济社会稳定持续发展具有重要意义。但是海水淡化工程在生产淡化水资源的同时要消耗大量的能源资源，这给我国资源利用政策的制定和实施带来了极大的困难，因此，在保证产水效率的前提下对工程的节能改造具有十分重要的现实意义。

在海水淡化方面，节能改造的研究大多集中在利用可再生能源替代传统能源方向上，虽然海水淡化工程能够产生大量的淡水，但是建造和运行的过程中造成大量的生态资源的消耗，需要对以资源换资源的工程项目进行详细的成本收益核算，因此提出准确的生态资源核算方法对海水淡化工程的建设和节能改造至关重要。已有大量学者对海水淡化工程的资源核算进行了研究，其中 Veerapaneni 等人分析了影响直接能源消耗的因素，讨论了通过提高脱盐效率来发展海水淡化技术，通过对海水淡化气隙膜蒸馏系统的优化，降低了蒸馏水生产过程中的热电消耗。考虑到海水反渗透装置的能耗和膜成本，讨论了能耗与回收率、进料浓度、生产效率、温度等因素之间的关系。Mezher 等人对海水淡化技术的水生产成本与环境影响进行了评估，从生态保护的角度为海水淡化工程建设提供了政策建议。上述研究只考虑了直接生态要素消耗的影响，但是随着生态计量理论的逐渐成熟，对海水淡化工程资源的间接利用核算研究也越来越多。

目前，已有研究提出了虚拟水、水足迹、体现水等概念。Bullard 等人将生命周期分析与投入产出分析相结合，提出了一种面向工程计量的混合分析方法，对工程生命周期内的生态要素利用情况进行了分析和评价。北京大学陈国谦课题组基于系统生态学理论，结合多尺度生态投入产出模拟与过程分析方法，提出了生态系要素的系统核算方法的理论框架，重点讨论了低碳建筑、污水、太阳能发电厂和海水淡化等项目的生态要素使用情况，这些研究成果可为海水淡化生态要素计量方法和行业评估标准的制定提供科学依据。Linares 等人考虑了整个生命周期的成本，利用系统过程分析方法对海水淡化三种工艺类型的间接用水情况进行了详细的分析。由此可见，随着理论的不断完善，系统核算方法已被普遍应用于测算各个项目的不同隐含生态要素当中，生命周期内多种类型的资源消耗和温室气体排放也相继被揭示。海水淡化工程资源利用的核算虽然只是冰山一角，但对工程能源结构转型建设将具有极大的促进作用。

近年来，我国提出发展循环经济，保护生态环境，加快建设资源节约型、环境友好型社会的愿景，在此背景下将海水淡化工程资源核算方向作为重点关注领域，将对未来可再生能源利用与海水淡化技术相结合的工程建设模式具有积极的推动作用。本书拟在技术上落实海水淡化工程计量框架，并构建基础数据支持体系，给出具体海水淡化工程的计量案例，分别考察体现水资源和体现能源两种生态要素在案例工程的全生命周期计量体系下的分布情况，为行业性的海水淡化工程生态要素系统计量提供标准和指引。

1.2 海水淡化技术概述

海水淡化又称海水脱盐，它是从海水中获取淡化水的技术和过程，可通过物理、化学或物理化学方法来实现。主要分为两大类(表 1.1)，一是从海水中分离水，二是从海水中分离盐。前者有蒸馏法、反渗透法、冰冻法、水合物法和溶剂萃取法等，后者有离子交换法、电渗析法、电容吸附法和压渗法等。但到目前为止，实际规模应用的仅有蒸馏法、反渗透法和电渗析法。表 1.2 给出了主要海水淡化方法的现状及发展动向。

表 1.1　海水淡化方法

<table>
<tr><th>类别</th><th colspan="2">方法</th></tr>
<tr><td>从海水中分离水</td><td colspan="2">蒸馏法
1. 多级闪急蒸馏法
2. 多效蒸发法
3. 蒸汽压缩蒸馏法
4. 太阳能蒸馏法
5. 多级-多效联合蒸馏法
6. 膜蒸馏</td></tr>
<tr><td rowspan="7">从海水中分离盐</td><td>冷冻法
1. 间接冷冻法
2. 直接冷冻法</td><td rowspan="2">结晶法</td></tr>
<tr><td>水合物法</td></tr>
<tr><td>溶剂萃取法</td><td></td></tr>
<tr><td>反渗透法</td><td rowspan="3">膜法</td></tr>
<tr><td>正渗透法</td></tr>
<tr><td>电渗析法</td></tr>
<tr><td>离子交换法</td><td></td></tr>
</table>

表 1.2　主要淡化方法的现状及发展动向

方法	现状	发展动向
多效蒸发法（低温多效蒸发）	实际应用	热力学及流体力学研究、锅垢控制的研究、材料设备的研究与多级闪急蒸馏相结合的开发
多级闪急蒸馏法	实际应用	最宜大型化，与原子能发电相结合的超大型装置的开发
蒸气压缩蒸馏法	实际应用	多用于船中的中小型规模
太阳能蒸馏法	研究发展和小型试验（应用）	日照强烈地区应用
溶剂萃取法	研究发展中	寻找溶剂和溶剂回收的研究
离子交换法	纯水制备已实际应用	树脂合成及再生方法的研究
结晶法	研究发展中已有小型试验工厂	淤浆的生成、输送及细冰分离洗涤的研究，溶剂及水合剂的选择与回收的研究
电渗析法	咸水淡化和浓缩制盐已实际应用	膜的研究、高温电渗析法的研究、淡化与综合利用相结合的发展
反渗透法	实际应用	半透膜及膜组器的研究、新工艺和能量回收的研究

海水淡化技术经过半个多世纪的发展，从技术上讲，已经比较成熟，大规模地把海水变成淡水的工程已经遍布世界各地，尤其是海湾地区。根据《2019 年全国海水利用报告》，截至 2019 年年底，全国现有海水淡化工程 115 个，海水淡化工程分布在沿海 9 个省市水资源严重短缺的城市和海岛，北部海洋经济圈以大规模的工业用海水淡化工程为主，主要集中在天津、山东、河北等地的电力、钢铁等高耗水行业；东部、南部海洋经济圈以民用海岛海水淡化工程居多，主要分布在浙江、广东等地，以百吨级和千吨级工程为主。海水淡化不仅是某一国家和地区、某一时期的暂时性局部问题，而且是世界范围内涉及人类生存和社会发展的长远而重大的问题。

1.3 从生态要素末端计量到系统计量

最早的海水淡化生态要素计量只考虑海水淡化工程运行过程中的生态资源消耗，可以称之为生态要素末端计量。随后，由于基于“从摇篮到坟墓”提法的生命周期概念的引入，一些研究者开始考虑部分与海水淡化密切相关的材料生产过程，以及建筑、运输等过程中消耗的生态资源。这些研究虽然与绝对末端计量相比有了一定的进步，但是仍然局限于部分相关过程的部分排放，可称之为相对末端生态要素计量。

与末端生态要素计量不同，系统生态要素计量旨在对与海水淡化工程相关的所有过程的所有生态要素量进行核算。参考系统生态学理论，我们把一个特定对象在其生产环节中的直接生态要素量，与由于各种中间投入而在相关经济体系中引发的间接生态要素量之和称为该对象的体现生态要素量。但是，需要注意的是，对海水淡化工程相关的所有过程进行分析将引出无穷尽的关联，例如海水淡化工程建造过程依赖于多种设备的投入，任何一种设备的投入依赖于多种组件的生产，而任何设备的投入都需要其他投入（如机械设备、厂房建筑等）。使用单纯的过程分析方法无法对这些无穷尽的过程进行完全的追溯，而使用投入产出模拟方法虽然能保证分析的完整性，却由于数据可得性的限制，难以对特定的海水淡化工程进行生态要素计量。鉴于此，陈国谦等提出了将投入产出模拟与过程分析相结合的方法来实现对海水淡化工程的系统生态要素计量：首先使用生态投入产出模拟方法建立能够反映各种对象的平均生态要素量的数据库，然后以过程分析方法为基础，在详细了解计量对象的条件下划分计量边界，对边界内所有过程导致的生态要素消耗量进行直接计量，同时使用上述数据库估算穿过边界的所有过程的体现生态要素消耗量（即边界外所有相关过程的直接生态要素量，亦是边界内相关过程的间接生态要素量），最终将（计量边界内的）直接计量结果和（计量边界外的）估算结果相加，从而获得系统生态要素的计量结果。表 1.3 给出了末端生态要素计量与系统生态要素计量方法的不同之处。

表 1.3　末端生态要素计量与系统生态要素计量对比

项目	末端生态要素计量	系统生态要素计量
计量对象	海水淡化工程及其相关联的部分	海水淡化工程及其相关联的所有部分
计量范畴	计量边界内计量对象的直接排放	计量边界内计量对象的直接排放和计量边界外计量对象的间接排放
计量边界的作用	定义计量对象并割断边界内外联系	简化计量过程且保留边界内外联系
计量边界和计量对象边界	相同	不同
计量边界改变时计量结果	改变	不变

1.4　生态要素计量方法及系统资源配置优化流程

(1) 生态要素计量方法

遵循生态投入产出模拟与过程分析相结合的方法，首先对海水淡化工程的全过程进行全面的分析，划分出不同的子工程项目，再深入了解各过程构成。其次，建立各过程的能源、原材料、储备等物资和人力消耗清单，并将清单资料输入到生态要素核算中去，将清单中不同类别的项目与投入产出表中相对应部门进行对应，获取相应的体现生态要素强度。再次，将不同项目清单的投入量与相应的生态要素强度相乘，得到清单项目的体现生态要素消耗量。最后，汇总各海水淡化工程的分过程所有清单项目的计量结果，得到工程的系统生态要素计量结果。海水淡化工程的系统生态要素核算的基本流程如图 1.1 所示。

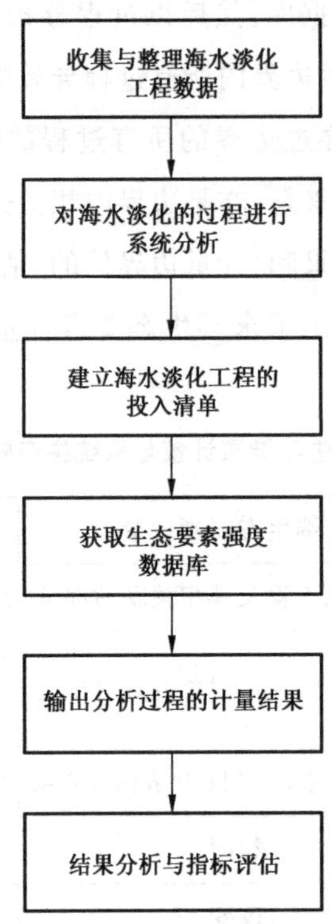

图 1.1　海水淡化系统生态要素计量的基本步骤

(2) 系统资源配置优化

本书采用科学合理、简单易操作的多目标数学规划模型对海水淡化工程进行建模，使得海水淡化工程既能显著减少总投资成本，又能有效降低产水能耗或碳排放量，综合考虑工程整个阶段中的体现生态要素量并将其引入工程的设计工作中，为整体上对海水淡化工程进行优化配置提供准确可靠的数据信息。

以反渗透海水淡化为例，一个典型的反渗透海水淡化系统包含许多膜组件，它与高压泵、循环泵和能量回收装置相互连接，共同组成一个整体，由于反渗透膜组件具有易损耗、易污染等特点，必须从整体上对系统进行合理设计，对各部分结构和参数进行优化，使之既能稳定、高效地运行，又能明显降低投资、维护和操作的费用。图 1.2 为系统资源优化配置规划流程。

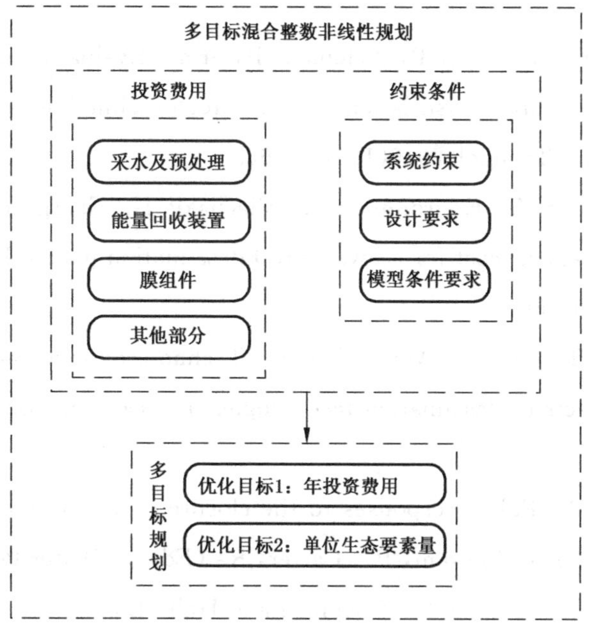

图 1.2　系统资源优化配置规划流程

1.5　小结

本章对海水淡化工程资源生态要素计量的研究目的和意义进行了说明，对海水淡化工程生态要素计量的概念和方法进行了详细描述，强调了海水淡化工程生态要素计量不仅可以为制定标准提供支撑，还可以为节能改造提供科学依据。与传统计量方法进行了对比，分析了两者的异同，并阐明了生态要素计量方法及系统资源配置优化流程，提出本书所要研究的内容并说明编著本书的目的。

参考文献

[1] Ayhan T, Madani H A. Feasibility study of renewable energy powered seawater desalination technology using natural vacuum technique[J]. Renew, Energy, 2010,35(2):506-514.

[2] Veerapaneni S, Long B, Freeman S, et al. Reducing energy consumption for seawater desalination [J]. American Water Work Assoc,2007, 99 (6):95-106,

12.

[3] Duong H C, Cooper P, Nelemans B, et al. Evaluating energy consumption of air gap membrane distillation for seawater desalination at pilot scale level [J]. Separ. Purif. Technol,2016(166):55-62.

[4] Avlonitis S A, Kouroumbas K, Vlachakis N. Energy consumption and membrane replacement cost for seawater RO desalination plants[J]. Desalination, 2003,157 (1):151-158.

[5] Mezher T, Fath H, Abbas Z, et al. Techno-economic assessment and environmental impacts of desalination technologies[J]. Desalination,2011,266(1/2/3):263-273.

[6] Allan J A. Policy responses to the closure of water resources : regional and global issues. In: Howsam, P. , Carter, R. (Eds.), Water Policy: Allocation and Management in Practice[J]. Chapman and Hall, London,1996:3-12.

[7] Hoekstra A Y. Virtual Water Trade: Proceedings of the International Expert Meeting on Virtual Water Trade[J]. Value of water research report series, 2003,no. 12. IHE, Delft.

[8] Han M Y, Chen G Q, Li Y L. Global water transfers embodied in international trade: tracking imbalanced and inefficientflows[J]. J. Clean. Prod,2018,(184):50-64.

[9] Bullard C W, Penner R S, Pilati D A. Net energy analysis: handbook for combining process and input-output analysis [J]. Resour. Energy, 1978, (1): 267-313.

[10] Bakshi B R. A thermodynamic framework for ecologically conscious process systems engineering[J]. Comput. Chem. Eng,2000,(24):1767-1773.

[11] Chen G Q, Zeng L. Taylor dispersion in a packed tube[J]. Communications in Nonlinear Science and Numerical Simulation, 2009,14(5):2215-2221.

[12] Chen G Q, Chen B. Extended-exergy analysis of the Chinese society[J]. Energy,2009,34(9):1127-1144.

[13] Han M Y, Chen G Q, Meng J, et al. Virtual wateraccounting for a

building construction engineering project with nine sub-projects: a case in E-town, Beijing[J]. J. Clean. Prod,2016,112:4691-4700.

[14] Chen G Q, Shao L, Chen Z M, et al. Low-carbonassessment for ecological wastewater treatment by a constructed wetland inBeijing[J]. Ecol. Eng,2011, 37:622-628.

[15] Wu X D, Chen G Q. Energy and water nexus in power generation: the sur-prisingly high amount of industrial water use induced by solar power infrastructure in China[J]. Appl. Energy,2017,195:125-136.

[16] Liu S Y, Zhang G X, Han M Y, et al. Freshwater costs of seawater desalination: systemsprocess analysis for the case plant in China[J]. J. Clean. Prod, 2019,212:677-686.

[17] Linares R V, Li Z, Yangali-Quintanilla V, et al. Life cycle cost of a hybrid forward osmosis - low pressure reverse osmosis system for seawater desalination and wastewater recovery[J]. Water Research,2016,88(JAN. 1):225-234.

[18] Li Y L, Han M Y, Liu S Y, et al. Energy consumption and greenhouse-gas emissions by buildings: a multi-scale perspective[J]. Build. Environ,2019, 151:240-250.

[19] 高从堦,阮国岭. 海水淡化技术与工程手册[J]. 环境科学,2004,25(4):1-3.

[20] Millero F J, Leung W H. The thermodynamics of Seawater at one Atmosphere[J]. Am Jour Science,1976,276:1035-1077.

[21]张正斌,顾宏堪,刘莲生,等. 海洋化学[M]. 上海:上海科学技术出版社,1984.

[22]王俊鹤,李鸿瑞,周迪颐,等.海水淡化[M]. 北京:科学出版社,1978.

[23] Crawford R H, Pullen S. Life cycle water analysis of a residential building and its occupants[J]. Build. Res. Inform, 2011,39 (6):589-602.

[24] Chen B, Chen G Q. Emergy-based energy and material metabolism of the Yellow River basin[J]. Communications in Nonlinear Science & Numerical Simulation,2009,14(3):923-934.

[25] Yang Q, Chen B, Xi J, et al. Exergetic evaluation of corn-ethanol production in China[J]. Communications in Nonlinear Science & Numerical Simulation,2009,14(5):2450-2461.

[26] 陈国谦. 建筑碳排放系统计量方法[M]. 北京:新华出版社,2010.

[27] Wei X M, Chen B, Qu Y H, et al. Emergy analysis for' Four in One' peach production system in Beijing[J]. Communications in Nonlinear Science & Numerical Simulation,2009, 14(3):946-958.

[28] 邵玲. 体现水的多尺度投入产出分析及其工程应用[M]. 北京:北京大学出版社,2014.

第2章

体现生态要素计量理论方法

体现生态要素是指产品或服务在其生产过程中直接和间接消耗的生态要素总量，而体现生态要素密度就是单位产品或服务对应的体现生态要素。体现生态要素是内涵在产品或服务当中的生态要素，并不是真实意义上的生态要素，而是以虚拟的形式包含在产品和服务中的生态要素。例如：体现水还称为内含水（Embedded Water）或者虚拟水；参照“生态足迹”的概念，也有人将体现污染排放称为污染足迹，将体现水称为水足迹。从各种体现生态要素研究的发展历史来看，能源危机带来了体现能的应用、水危机引发了虚拟水的研究、环境危机导致的是污染足迹的提出，也就是说当某种生态要素趋于稀缺的时候，人们才意识到问题的严重性而开始对这种生态要素的使用和流动进行研究。因此，本章将详细阐述体现生态要素的计量理论方法，为海水淡化工程资源利用核算和评估奠定理论基础。

2.1 体现生态要素投入产出方法

体现生态要素的投入产出方法是在环境投入产出方法基础上提出的，最早由Leontief本人提出环境投入产出的概念，其立足于最终消费拉动生产观点，利用Leontief逆矩阵（完全需求系数矩阵）将环境污染及资源消耗直接摊派到最终消费活动中。然而，由于环境投入产出方法只针对最终消费产品定义，因此模拟结果也只适用于最终消费产品，而不能用于中间投入产出产品及生产过程，例如各种产业和工程环境影响的分析。针对这一问题，陈国谦课题组提出了体现生态要素投入产出方法。体现生态要素投入产出方法与环境投入产出方法有本质区分，其基于各种生态要素在系统内部平衡和流动关系对各种产品和服务的体现生态要素进行了完

整统一的核算，有效克服了以往环境投入产出方法的弊端。

2.1.1 体现生态要素单尺度系统投入产出模拟

著名经济学家 Leontief 于 20 世纪 30 年代建立了经济投入产出模拟方法，该方法通过构建经济投入产出模型及编制经济投入产出表，使用矩阵运算来反映一定时期内某个经济体不同部门或产业之间的相互联系和平衡关系。目前世界各国的统计部门都会定期发布经济投入产出表，为投入产出分析打下了良好的数据基础。

通过引入生态要素流并将其与经济流相关联，投入产出分析可用于体现生态要素的计算。对不考虑与外界产品交流的封闭经济系统，例如世界经济，关联了生态要素流动的生态投入产出表如表 2.1 所示。式(2-1)中，$z_{i,j}$ 表示从部门 i 投入部门 j 的经济流，d_i 表示部门 i 提供给系统内最终使用的经济流，x_i 表示部门 i 的总经济产出，w_i 表示投入系统内部门 i 的劳动力及政府服务等非产业性投入，$f_{k,i}$ 表示系统内部门 i 所消耗的生态要素 k 的量。

表 2.1 体现生态要素投入产出表的基本结构

产出 投入		中间使用 部门 1…部门 n	最终使用	总产出
中间投入	部门 1	$z_{1,1} \cdots z_{1,n}$	d_1	x_1
	⋮	⋮ … ⋮	⋮	⋮
	部门 n	$z_{n,1} \cdots z_{n,n}$	d_n	x_n
非产业性投入	工资、政府服务等	$w_1 \cdots w_n$		
生态要素投入	生态要素类型 1	$f_{1,1} \cdots f_{1,n}$		
	⋮	⋮ … ⋮		
	生态要素类型 m	$f_{n,1} \cdots f_{n,n}$		

单独针对经济流动来说，部门 i 的总经济产出 x_i 遵循以下平衡：

$$x_i = \sum_{j=1}^{n} z_{i,j} + d_i \tag{2-1}$$

即部门 i 的总产出经济流等于部门 i 的中间投入经济流与最终使用的经济流之和。

根据上述体现生态要素投入产出表及其平衡关系，本章利用图 2.1 来描绘体现在部门 i 经济流中的生态要素流的投入产出平衡关系，其中引入记号 $\varepsilon_{k,i}$ 表示部门

i 所产出商品的体现生态要素强度。

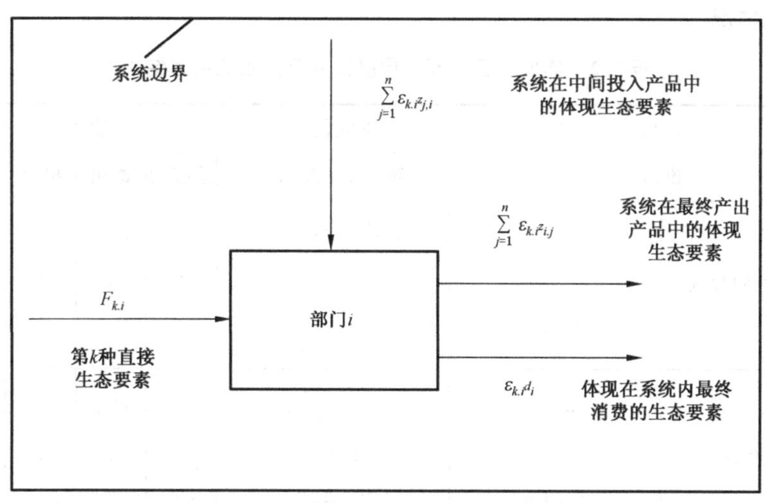

图 2.1　经济部门 i 的体现生态要素流(以第 k 种生态要素为例)

图 2.1 中的生态要素流平衡关系可表示为以下方程:

$$F_{k,i}+\sum_{j=1}^{n}\varepsilon_{k,i}z_{j,i}=\varepsilon_{k,i}(\sum_{j=1}^{n}z_{i,j}+d_{i}) \tag{2-2}$$

对于包含 n 个部门并要考虑生态要素的 m 个子项目的一个生态经济系统,可以把式(2-2)表示为矩阵形式:

$$\boldsymbol{F}+\boldsymbol{\varepsilon Z}=\boldsymbol{\varepsilon X} \tag{2-3}$$

其中,$\boldsymbol{F}=[\boldsymbol{F}_{k,i}]_{m\times n}$,$\boldsymbol{\varepsilon}=[\boldsymbol{\varepsilon}_{k,i}]_{m\times n}$,$\boldsymbol{Z}=[\boldsymbol{Z}_{i,j}]_{n\times n}$,$\boldsymbol{X}=[\boldsymbol{X}_{i,j}]_{n\times n}$;当 $i=j$ 时,$\boldsymbol{X}_{i,j}=\boldsymbol{X}_{i}$。当 $i\neq j$ 时,$\boldsymbol{X}_{i,j}=0$。

因此,计算相应的体现生态要素矩阵公式如下所示:

$$\varepsilon=\boldsymbol{F}(\boldsymbol{X}-\boldsymbol{Z})^{-1} \tag{2-4}$$

式中,$\boldsymbol{F}$ 是直接生态要素矩阵,$\boldsymbol{Z}$ 是中间输入矩阵,$\boldsymbol{X}$ 是总输出矩阵。

2.1.2　体现生态要素三尺度投入产出模拟

除了世界经济和少数与外界交流较少的经济体外,大多数经济体都与系统外有着不能忽视的产品交流及与之伴随的体现生态要素流动。本章提出多尺度投入产出方法来对系统外进入系统内的产品进行模拟,下面我们以区域经济(次国家级,即省市级)的三尺度体现生态要素投入产出分析为例来说明多尺度投入产出模拟方法。表 2.2 给出了体现生态要素的三尺度投入产出表的基本结构,与表 2.1 相比,

该表综合考虑了区域经济与国家经济（调入和调出）和世界经济（进口和出口）间的产品交流情况。

表 2.2 体现生态要素三尺度投入产出表的基本结构

产出 投入		中间使用 部门 1…部门 n	最终使用 系统内	调出	出口	总产出
系统内中间投入	部门 1	$z_{1,1}^{L} \cdots z_{1,n}^{L}$	y_{1}^{L}	$e_{1,d}^{L}$	$e_{1,m}^{L}$	x_1
	⋮	⋮ … ⋮	⋮	⋮	⋮	⋮
	部门 n	$z_{n,1}^{L} \cdots z_{n,n}^{L}$	y_{n}^{L}	$e_{n,d}^{L}$	$e_{n,m}^{L}$	x_n
调入中间投入	部门 1	$z_{1,1}^{D} \cdots z_{1,n}^{D}$	y_{1}^{D}	$e_{1,d}^{D}$	$e_{1,m}^{D}$	
	⋮	⋮ … ⋮	⋮	⋮	⋮	
	部门 n	$z_{n,1}^{D} \cdots z_{n,n}^{D}$	y_{n}^{D}	$e_{n,d}^{D}$	$e_{n,m}^{D}$	
进口中间投入	部门 1	$z_{1,1}^{M} \cdots z_{1,n}^{M}$	y_{1}^{M}	$e_{1,d}^{M}$	$e_{1,m}^{M}$	
	⋮	⋮ … ⋮	⋮	⋮	⋮	
	部门 n	$z_{n,1}^{M} \cdots z_{n,n}^{M}$	y_{n}^{M}	$e_{n,d}^{M}$	$e_{n,m}^{M}$	
非产业性投入	工资、政府服务等	$w_1 \cdots w_n$				
直接生态要素利用	生态要素 1	$F_{1,1} \cdots F_{1,n}$				
	⋮	⋮ … ⋮				
	生态要素 m	$F_{m,1} \cdots F_{m,n}$				

单独针对经济流来说，部门 i 的总经济产出 x_i 遵循以下平衡：

$$x_i = \sum_{j=1}^{n} z_{i,j}^{L} + y_i^{L} + d_{i,d}^{L} + d_{i,m}^{L} \tag{2-5}$$

即部门 i 的总经济产出等于部门 i 提供给本地的中间使用和最终消费加上部门 i 的调出和出口，其中最终消费与调出和出口的和也被称为最终使用。

根据上述投入产出表及其平衡关系，本章利用图 2.2 来描绘体现在区域经济部门 i 经济流中的体现生态要素流的投入产出平衡关系。

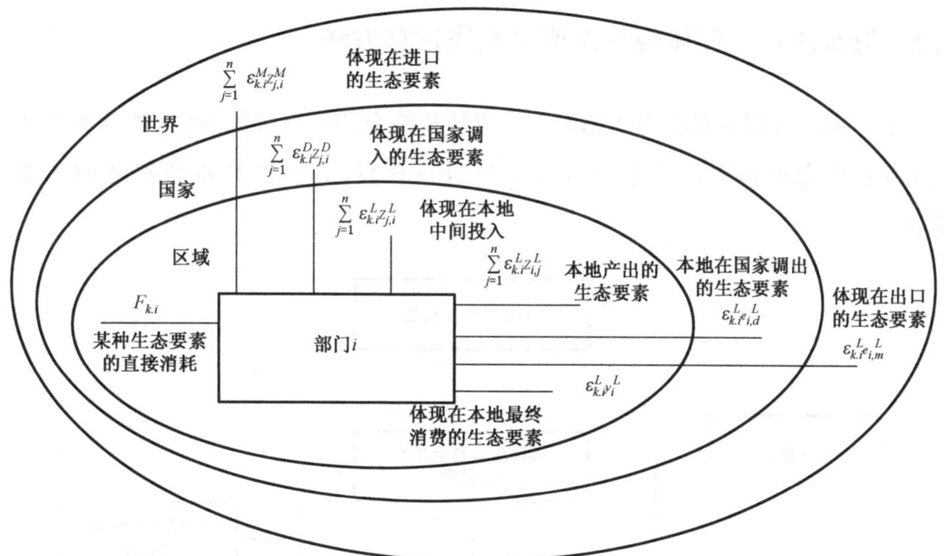

图 2.2　区域经济部门的体现生态要素流(以第 k 种生态要素为例)

$$F_{k,i} + \sum_{j=1}^{n} \varepsilon_{k,j}^{L} z_{j,i}^{L} + \sum_{j=1}^{n} \varepsilon_{k,j}^{D} z_{j,i}^{D} + \sum_{j=1}^{n} \varepsilon_{k,j}^{M} z_{j,i}^{M} = \varepsilon_{k,i}^{L} \left(\sum_{j=1}^{n} z_{i,j}^{L} + y_{i}^{L} + e_{i,d}^{L} + e_{i,m}^{L} \right) \tag{2-6}$$

对于包含 n 个部门并要考虑 m 种生态要素的一个生态经济系统,可以把式(2-6)表示为矩阵形式:

$$\boldsymbol{F} + \boldsymbol{\varepsilon}^{L} \boldsymbol{Z}^{L} + \boldsymbol{\varepsilon}^{D} \boldsymbol{Z}^{D} + \boldsymbol{\varepsilon}^{M} \boldsymbol{Z}^{M} = \boldsymbol{\varepsilon}^{L} \boldsymbol{X} \tag{2-7}$$

其中,$\boldsymbol{F} = [\boldsymbol{F}_{k,i}]_{m\times n}$,$\boldsymbol{\varepsilon}^{L} = [\boldsymbol{\varepsilon}_{k,i}^{L}]_{m\times n}$,$\boldsymbol{\varepsilon}^{D} = [\boldsymbol{\varepsilon}_{k,i}^{D}]_{m\times n}$,$\boldsymbol{\varepsilon}^{M} = [\boldsymbol{\varepsilon}_{k,i}^{M}]_{m\times n}$,$Z^{L} = [z_{i,j}^{L}]_{n\times n}$,$\boldsymbol{Z}^{D} = [\boldsymbol{Z}_{i,j}^{D}]_{n\times n}$,$\boldsymbol{Z}^{M} = [\boldsymbol{Z}_{i,j}^{M}]_{n\times n}$,$\boldsymbol{X} = [\boldsymbol{x}_{i,j}]_{n\times n}$。当 $i=j$ 时,$x_{i,j} = x_i$;当 $i \neq j$ 时 $x_{i,j} = 0$。

因此,计算相应的体现生态要素强度矩阵公式如下所示:

$$\boldsymbol{\varepsilon}^{L} = (\boldsymbol{F} + \boldsymbol{\varepsilon}^{D} \boldsymbol{Z}^{D} + \boldsymbol{\varepsilon}^{M} \boldsymbol{Z}^{M})(\boldsymbol{X} - \boldsymbol{Z}^{L})^{-1} \tag{2-8}$$

通过式(2-8),可以计算出产出产品的体现生态要素强度 。它适用于系统投入产出分析中的所有经济流,包括最终需求和中间使用的经济活动。它不仅能表示在生产过程中单位货币所消耗的直接和间接生态要素量,而且能够体现产品的货币价值和生态要素使用之间的内在关系。

2.2 海水淡化工程体现生态要素系统核算方法

本章采用过程分析法与生态投入产出法相结合的系统核算方法，对海水淡化工程体现在生命周期中的生态资源开采量进行核算，具体核算步骤叙述如图 2.3 所示。

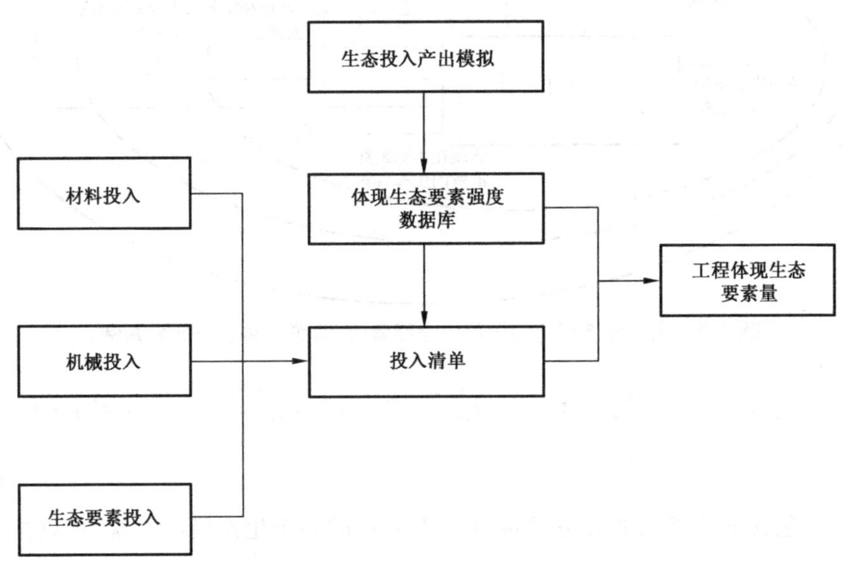

图 2.3 工程体现生态要素系统核算流程

2.2.1 建立海水淡化工程的生命周期投入清单

基于过程分析法建立海水淡化工程的投入清单是体现生态要素系统计量的基础工作。对于工程的任一阶段的任一过程而言，其所涉及的清单项目一般可以分为材料、机械和设备三类。材料是指工程的建造或运行中一次性投入的物质。除了钢筋、水泥等常见的材料外，汽油和电力等能源投入也被归入材料的分类。这是因为汽油和电力等投入也属于一次性投入，被使用后不能在他处再被利用。机械是指某些暂时被租赁，还可供其他工程使用的机械、电子等产品。由于机械设备并非只供研究的工程使用，因而计算其体现生态要素时应当考虑其投入工作时间与设计寿命的比例。

由于本书使用的系统核算方法是以生态投入产出分析得到的体现生态要素强度数据库为基础的，因此最终得到的清单需要列出购置各项材料的费用、设备的使用时间和设计寿命及直接开采的生态要素资源量。

2.2.2 选取合适的体现生态要素强度数据库

由于生产效率和经济结构的不同,不同经济体生产的同一产品、甚至同一经济体在不同年份生产的同一产品均具有不同的体现生态要素强度。因此本书提出了选取生态要素强度数据库的两个要求:(1)时间方面,海水淡化工程的投入应当是在数据库所关注的时间段内生产的。(2)空间方面,海水淡化工程的投入应当来源于数据库所关注的经济体。鉴于同一工程不同的产品投入可能生产于不同的时间段或来自不同的经济体(包括同一尺度内平行的不同经济体或不同尺度的经济体),我们最后选取的数据库可能不止一个。这一方面要求我们在建造清单时同时关注各项投入的产地、生产时间等附加信息。另一方面这也从侧面反映了投入产出分析的优越性,即投入产出分析能够依靠不同经济体在不同年份的投入产出统计数据,建立各个经济体的时间序列体现生态要素强度数据库。各国政府和一些国际组织都在定期编制经济投入产出表,这为投入产出分析提供了可靠的数据支持。

2.2.3 确定各项投入的体现生态要素强度

在确定数据库的基础上,根据各项投入的性质确定该产品的生产部门,从而得到各项投入的体现生态要素强度。大部分产品的生产部门较为直观,但由于投入产出统计中的产品部门数量有限(通常在几十到几百之间),也有部分产品无法快速确定其生产部门,这时就需要对投入产出统计规则进行详细研读和分析。以中国经济 2007 年的 135 部门投入产出统计为例,电力显然由电力、热力的生产和供应业(部门 92)生产供应。而对混凝土而言,我们非但无法直接判断其生产部门,还很有可能误判其是由水泥、石灰和石膏的制造业(部门 50)生产的,然而实际上,根据中国 2007 年投入产出表部门分类解释及代码,它是由水泥及石膏制品制造业(部门 51)生产制造的。

2.2.4 计算海水淡化工程的体现生态要素

根据清单项目的投入量及其体现生态要素强度数据,核算各项产品投入的体现生态要素资源,并将其与直接生态要素资源开采量相加,最终得到海水淡化工程的体现生态要素总量。核算公式如下所示:

$$W = W_{ind} + W_d = \sum_{j=1}^{n}(I_j \times C_j) + W_d \tag{2-9}$$

其中,W 是指海水淡化工程的体现生态要素,W_{ind} 和 W_d 分别指海水淡化工程的间接生态要素和直接生态要素消耗,而 I_j 和 C_j 分别指第 j 项产品投入的体现生态要素强度和购置费用。

2.3 小结

本章着重介绍了海水淡化工程体现生态要素计量技术的基本方法,分别是系统投入产出模拟法和系统核算法。系统投入产出法主要介绍了单尺度和三尺度的技术流程,系统核算法是将系统投入产出法与过程分析法相结合,对工程体现在全生命周期中的生态资源开采量进行核算。系统核算法能够科学地核算出工程消耗的隐含生态要素量。

参考文献

[1] Leontief W. Environmental repercussions and the economic structure: an input-output approach[J]. There view of Economics and Statistics, 1970, 52: 262-271.

[2] Chen G Q, Jiang M M, Yang Z F, et al. Exergetic assessment for ecological economic system: Chinese agriculture[J]. Ecological Modelling,2008,220(3): 397-410.

[3] Zhang X H, Zhang H W, Chen B, et al. An inexact-stochastic dual water supply programming model[J]. Communications in Nonlinear Science & Numerical Simulation,2009,14(1): 301-309.

[4] Leontief W. Quantitative input-output relations in the economic system [J]. Economic Statistics,1936,18: 105-125.

[5] Chen G Q, Chen Z M. Carbon emissions and resources use by Chineseeconomy 2007: A135-sector in ventory and input-output embodiment[J]. Communications in Nonlinear Science and Numerical Simulation,2010,15:3647-3732.

[6] Chen G Q, Guo S, Shao L, et al. Three-scaleinput-output modeling for

urban economy: Carbon emission by Beijing 2007. Communications in Nonlinear Science and Numerical Simulation, 2013,18:2493-2506.

[7] Guo S, Chen G Q. Multi-scale input-output analysis for multipleResponsibility entities:carbon emission by urban economy in Beijing 2007[J]. Journal of Environmental Accounting and Management,2013,1: 43-54.

[8] 中国国家统计局国民经济核算司. 2007 年中国投入产出表[M]. 北京:中国统计出版社,2009.

第3章 生态资源利用计量数据来源

海水淡化工程的体现生态资源利用的评估需要一个合适的生态资源利用强度数据库,它需要涵盖与生产部门相对应的所有经济产品。在本书的研究中,世界强度数据库的建立包括水和能源两方面,分别需要世界各国家资源的直接资源利用数据以及世界的经济投入产出表。同样的,国家和省域的强度数据库也是如此。

3.1 直接资源利用数据库

直接资源包括水和能源等,直接资源利用数据库是为接下来的分析做基础的,是投入产出分析中直接投入的来源。目前已有针对不同尺度经济体系的直接资源数据库,再结合含有各部门数据的经济投入产出表,建立生态投入产出表,并使用该表计算出所对应尺度下各部门体现生态要素强度数据库。

世界银行组织发布的世界发展指标(World Development Indicators, WDI)数据库,为本书的研究提供了世界尺度的直接资源利用数据信息。中国统计年鉴和中国经济普查年鉴为本书的研究提供了国家尺度的直接资源利用数据库。从河北省和浙江省的地方统计局获取了省域的直接资源利用数据库。并且本书将这些数据统一划分到42部门中进行进一步分析。

3.1.1 直接能耗数据库

对于能源的核算,本书中的案例研究核算了原煤、原油、天然气和一次电力这四种最主要的能源类型。由于本书中选取的低温多效蒸馏工艺海水淡化工程的建造年份是2013年,因此选取了2012年河北省的直接能耗数据库(见表3.1)和投入产出表(42部门),其数据来源于2013年中国统计年鉴。考虑到河北省的社会经济生产结构，将能源消耗的四种类型与投入产出表的部门相对应，海水淡化工程消耗的原煤主要是来自煤炭采选产品，原油和天然气主要来自石油和天然气开采产品，一次电力来源于电力、热力的生产和供应。将直接能源消耗与投入产出表中的部门相对应是进行投入产出分析的基础。

表 3.1　2012 年河北省直接能耗(单位:万吨标准煤)

煤炭	石油	天然气	一次电力
8 609.91	834.45	173.55	472.22

3.1.2　直接水资源利用数据库

对于水资源的核算，本书中的案例研究将直接水资源划分为农业用水、工业用水、生活用水和生态用水四类，同样选取河北省 2012 年的直接水资源数据库(见表 3.2)和浙江省 2012 年的直接水资源数据库(见表 3.3)，其来源于 2013 年中国统计年鉴。考虑到河北省 2012 年的经济生产结构，本书中的案例研究将工业生产用水按总产值加权平均分摊到各个工业部门(部门 2 到部门 25)，假设来自农业生产的淡水被耕种者直接开采用于农田灌溉，而用于工业生产、生态保护和居民使用的淡水开采后需进行预处理才能使用。

表 3.2　2012 年河北省直接用水(单位:亿立方米)

农业	工业	生活	生态
142.9	25.2	23.3	3.8

表 3.3　2012 年浙江省直接用水(单位:亿立方米)

农业	工业	生活	生态
91.3	60.7	41.6	4.5

3.2　经济投入产出数据库

3.2.1　世界经济投入产出数据库

世界经济投入产出表是世界经济投入产出的基础，对数据量的要求非常大。为了保证每个国家或地区内部的产业达到足够的区分度，每个区域都需要配置一定数量的产业部门。由于世界上的国家地区数目众多，最后累加成的经济投入产出表的

总部门数相当可观。世界范围内有多个机构和众多专家学者从事世界经济投入产出表的研究工作，已有众多研究者以这些数据库为基础对世界各国及国际贸易体现的生态要素进行了投入产出分析。

澳大利亚悉尼大学 Manfred Lenzen 与他的合作者们于 2012 年建立了目前最为详细、涵盖国家地区最多、覆盖时间最广的世界尺度多区域投入产出表，并将其命名为 Eora。Eora 数据库一共涵盖了世界 186 个国家(见附表 1)或地区的 15 909 个经济部门。为了最大限度地保存每个国家或地区的经济特性，Eora 首次采用了非平衡的制表方法，每个国家和地区采用的部门划分方式各不相同，部门数也从 26 到 500 不等。为了满足多方需求，Eora 同时也提供了 26 部门(见附表 2)的世界平衡投入产出表。

3.2.2 中国经济投入产出数据库

我国从建国初期的 1952 年至 1992 年的国民经济统计采用的是 MPS 体系，1985 年至 1992 年是 MPS 和 SNA 两种核算体系共存阶段，从 2002 年起正式取消 MPS 体系，建立了与联合国 SNA 体系接轨的国民经济核算体系。1987 年 3 月底，国务院办公厅正式发布了《关于进行全国投入产出调查的通知》(国办发[1987]18 号)，明确规定每 5 年(逢 2、逢 7 年份)进行一次全国投入产出调查和编表工作。同年，我国进行了第一次全国性的投入产出调查和编表工作，编制形成了 1987 年全国投入产出表。该表将国民经济活动划分成 118 个部门，其中物质生产活动 101 个，非物质生产活动 17 个。1987 年投入产出表首次将非物质生产活动作为核算对象，为我国编制 SNA 式投入产出表提供了宝贵的经验。之后，国家统计局基于 SNA 体系陆续发布了几次更新的数据，划分的部门有相应的调整。

本书拟基于 2012 年投入产出表对我国社会经济的水资源使用展开。2012 年投入产出表是目前我国最新也是最详细的正式投入产出表，它将我国经济生产活动分为 139 个部门。为了保证和区域尺度分 42 个部门的数据的一致性，本研究通过各部门总产值加权平均的方法将 139 个部门的体现水强度数据转换为 42 个部门(见附表 3)。

3.2.3 部分省域经济投入产出数据库

各个省份的统计局根据国家规定都已开展了数次投入产出调查，并编制和完善了经济投入产出表，本书中的案例研究分别位于河北省和浙江省。河北省 2012 年投入产出表来源于河北省统计局(河北省统计局，2013 年)，浙江省 2012 年投入产出表来源于浙江省统计局(浙江省统计局，2013 年)。2012 年投入产出表将经济生产活动划分为 42 个部门。其中，农林牧渔业 1 个部门，工业 23 个部门，废品废料 1 个部门，建筑业 1 个部门，交通运输及仓储业 1 个部门，其他服务业 15 个部门。

3.3　体现生态要素数据库

根据上述直接资源利用数据和早期含各部门数据的经济投入产出表，建立中国 2012 年的生态投入产出表，并使用该表计算出国家尺度的各部门的体现强度数据库。具体方法参照第 2 章内容。

3.3.1　体现能源强度

体现能源强度指的是体现在单位 GDP 上的能源消耗量，可以根据建立的中国 2012 年生态系统(经济)投入产出表以及第 2 章推导出的体现能源强度矩阵公式计算得到中国 42 个部门的体现能源强度(见附表 4)。

3.3.2　体现水强度

体现水强度是每单位 GDP 总体现用水量，指的是水在生产过程中单位货币所使用的直接和间接消耗。体现水强度适用于系统投入产出分析中的所有经济流，包括最终需求和中间使用的经济活动。它不仅能表示在生产过程中单位货币所消耗的直接和间接水资源量，而且能够体现产品的货币价值和水资源使用之间的内在关系。

根据建立的中国 2012 年生态系统投入产出表以及第 2 章推导出的体现水强度矩阵公式计算得到中国 2012 年 42 个部门的体现水强度(见附表 3)。

3.4　小结

本章首先系统地介绍了已有的直接资源利用数据库，又在相关统计数据收集和整理的基础上，找到经济投入产出数据库，包括世界、中国和部分省域经济投入产出数据库。利用第 2 章的单尺度和三尺度系统投入产出基本框架及中国 2012 年经济投入产出表编制中国当年的生态投入产出表，通过模拟分析和代数运算建立国家尺

度体现能源消耗强度数据库。相关结果不但是后续章节的基础，同时也为其他使用者提供了相应的数据支持。

参考文献

[1] Chen Z M, Chen G Q. Embodied carbon dioxide emission at supra-national scale: A coalition analysis for G7, BRIC, and the rest of the world[J]. Energy Policy,2011,39:2899-2909.

[2] Chen G Q, Chen Z M. Greenhouse gas emissions and natural resources use by the world economy: Ecological input-output modeling[J]. Ecological Modelling,2011,222:2362-2376.

[3] Peters G P, Hertwich E G. CO_2 embodied in international trade with implications for global climate policy[J]. Environmental Science & Technology, 2008,42:1401-1407.

[4] Hertwich E G, Peters G P. Carbon footprint of nations: A global, trade-linked analysis[J]. Environmental Science & Technology,2009,43:6414-6420.

[5] Chen Z M, Chen G Q. Virtual water accounting for the globalized world economy: National water footprint and international virtual water trade[J]. Ecological Indicators,2013,28: 142-149.

[6] Davis S J, Caldeira K. Consumption-based accounting of CO_2 emissions [J]. Proceedings of the National Academy of Sciences,2010,107:56-87.

第 4 章

体现水资源系统投入产出分析——以河北省为例

本章将使用河北省经济统计数据进行体现水的核算，详细分析体现水在河北省社会经济中的使用情况。基于体现水理论和系统投入产出分析方法提出并展示了一整套水资源的系统核算分析理论框架，构建了一个体现水强度数据库，该库适用于中间投入和最终使用的水资源核算。依据 42 个部门的经济投入产出关系进行核算，得到了体现水的最终需求总额、城市居民消费占比、虚拟水进口贸易总额等水资源使用情况。分析结果除了有利于改善技术和提高水资源利用率外，还有利于通过调整产业结构和贸易政策对水资源进行合理利用。

4.1 概述

水资源在中国许多地区都被认为是一种重要的稀缺自然资源。特别是在河北，近年来全省平均水资源量 205 亿 m^3，仅为全国总量的 0.7%。全省人均水资源量为 307 m^3，仅为全国的 1/7，属于全国水资源非常贫乏的省份之一。随着京津冀协同发展的不断推进，京津冀区域经济一体化建设已经上升到国家战略层面。在此背景下，河北省水资源问题面临着巨大的挑战，同时也为河北水利发展带来了重大的历史机遇。因此，如何调整好河北省水资源的平衡问题，充分发挥其独特的区域优势，对于京津冀一体化协同发展具有重要的现实意义。

由于河北省位于气候脆弱带，地理位置特殊，在全球气候变暖的背景下，河北省近年的气候状况也发生了明显的变化，干旱化趋势愈加明显，水资源日益紧张。近年来，随着经济社会的发展，人为因素造成的地表水明显减少、地下水严重超采、水资源污染

严重等问题也在逐步显现，目前已成为解决水资源短缺问题面临的最大障碍。以上所提到的问题主要是直接水资源问题的具体表现，本质上是一种末端观点。实际上，由于产品在生产过程中均会消耗水资源及造成水污染，水资源也会通过产品间的交流形成虚拟的、间接的流动，由此也会带来隐形的水资源流失或水污染转移等问题，而这些问题只能在商品贸易过程中体现出来。随着商品贸易的快速发展，这些基于直接用水制定的政策法规由于忽视了产品间的复杂水关联，已不足以应对水资源使用的复杂情况，必须兼顾直接和间接水资源的使用情况，才能提出有效的政策法规。

为了能够方便核算商品贸易中水资源的使用情况，人们针对水资源在商品贸易中的流通特点，提出了很多新概念和核算方法，例如：虚拟水的概念，它的出现是让人们更直观地认识到间接用水的存在而采用的策略性说法，充分体现了产品和服务之间的联系。在虚拟水理论的基础上，又有人提出了水足迹（water footprint）的概念，它被定义为该产品在生产供应链中的用水量之和。而体现水概念可看作体现生态要素的一种类型，它旨在分析各种产品和服务在其生产或制造周期内直接和间接投入的水资源总和，而体现水强度则被定义为单位产品或服务在其生产或制造周期内所直接和间接开采的水资源总和。在体现生态要素的统一核算框架下，体现水核算方法已被用于分析世界经济、中国经济等多个经济体的体现水。体现水理论与经济投入产出方法结合，可有效避免以往水研究常用的过程分析方法的截断误差，进而使每个产品和服务与工程的边际水资源开采量进行完整准确的追溯。

综上所述，本章将利用体现水理论对河北省经济投入产出关系进行系统核算和分析。对已有的经济投入产出表进行改进，在投入产出表中引入水资源的直接使用量；通过体现水的投入产出平衡关系，建立体现水的生态系统投入产出物理平衡关系方程式，并求解得到体现水强度指标；利用体现水强度指标来计算体现水流在系统中的流动情况，分析体现水的使用状况，为水资源合理利用的产业结构调整方案和贸易政策的制定提供理论依据和数据支持。

4.2 方法和数据来源

4.2.1 水资源流的生态系统投入产出算法

河北省统计局发布的河北 2007 年投入产出表反映了河北省经济的系统结构和产

业互动。引入水资源流并将其与经济流相关联，得到生态系统投入产出表的基本结构，如表 4.1 所示。从表 4.1 中可以看出，它整合了水资源在产业结构投入产出中的完整数据。Q_1、Q_2 和 Q_3 分别表示部门交易矩阵、最终使用和最初投入。Q_0 代表水资源的直接投入。

表 4.1　系统投入产出表的基本结构

<table>
<tr><th colspan="3" rowspan="4">投入</th><th colspan="10">产出</th></tr>
<tr><th colspan="4">中间使用</th><th colspan="6">最终使用</th></tr>
<tr><th rowspan="2">部门 1</th><th rowspan="2">部门 2</th><th rowspan="2">…</th><th rowspan="2">部门 n</th><th colspan="2">居民消费支出</th><th rowspan="2">政府消费支出</th><th rowspan="2">固定资本形成总额</th><th rowspan="2">存货增加</th><th rowspan="2">流出</th></tr>
<tr><th>农村居民</th><th>城市居民</th></tr>
<tr><td>中间投入</td><td colspan="2">部门 1
部门 2</td><td></td><td>Q_1</td><td></td><td></td><td></td><td></td><td></td><td>Q_2</td><td></td><td></td></tr>
<tr><td>增加值</td><td colspan="2">…
部门 n
劳动者报酬
生产税净额
固定资产折旧
营业盈余</td><td></td><td>Q_3</td><td></td><td></td><td></td><td></td><td></td><td></td><td></td><td></td></tr>
<tr><td>生态要素的投入</td><td>水</td><td>农业生产
工业生产
生态保护
居民使用</td><td></td><td>Q_0</td><td></td><td></td><td></td><td></td><td></td><td></td><td></td><td></td></tr>
</table>

根据生态投入产出表及其平衡关系，利用图 4.1 来描绘体现在部门 j 经济流中的水资源流的投入产出平衡关系。

根据图 4.1 可以将水资源流的生态系统投入产出物理平衡关系描述为以下方程：

$$F_{k,i}+\sum_{j=1}^{n}\varepsilon_{k,j}z_{j,i}=\varepsilon_{k,i}\left(\sum_{j=1}^{n}z_{i,j}+f_i-D_i\right)\tag{4-1}$$

其中，$F_{k,i}$ 是系统内部门 i 所直接消耗的第 k 种水资源量，$z_{j,i}$ 表示从系统内部门 j 投入到系统内部门 i 的经济流，f_i 表示系统内经济部门 i 提供给系统内最终消费的经济流，D_i 是系统内部门 i 调入和进口的经济流，$\varepsilon_{k,i}$ 和 $\varepsilon_{k,j}$ 分别表示区域经济部

门 i 和 j 所产出商品的第 k 种水资源体现水强度。

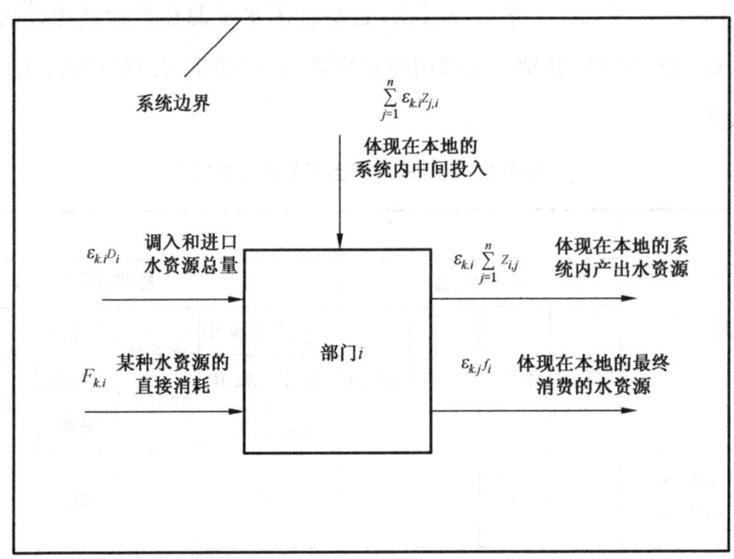

图 4.1　区域经济部门 i 的体现水流(以第 k 种水资源为例)

式(4-1)可以进一步写成：

$$F_{k,i}+\sum_{j=1}^{n}\varepsilon_{k,j}z_{j,i}=\varepsilon_{k,i}x_{i} \tag{4-2}$$

$$x_{i}=\sum_{j=1}^{n}z_{i,j}+f_{i}-D_{i} \tag{4-3}$$

其中，x_i 为经济部门 i 的总经济产出。

如果考虑一个拥有 i 个部门和 k 种水资源的生态经济系统，则可以把式(4-2)写成矩阵的形式：

$$\boldsymbol{F}+\boldsymbol{\varepsilon Z}=\boldsymbol{\varepsilon X} \tag{4-4}$$

其中 $\boldsymbol{F}=[F_{k,i}]_{m\times n}$，$\boldsymbol{\varepsilon}=[\varepsilon_{k,i}]_{m\times n}$，$\boldsymbol{Z}=[z_{i,j}]_{n\times n}$，$\boldsymbol{X}=[x_{i,j}]_{n\times n}$。当 $i=j$ 时，$x_{i,j}=x_i$；当 $i\neq j$ 时，$x_{i,j}=0$。

假定河北省和省外的贸易体现水强度与省内各部门的体现水强度相等，由此推导出体现水强度矩阵公式如下：

$$\boldsymbol{\varepsilon}=\boldsymbol{F}(\boldsymbol{X}-\boldsymbol{Z})^{-1} \tag{4-5}$$

通过该公式获得的产出产品的体现水强度适用于系统投入产出分析中的所有经济流，包括最终需求和中间使用的经济活动。ε 是一个经济部门在生产过程中单位货币所消耗的直接和间接水资源量，它能够体现产品的货币价值和水资源使用之间的内在关系。

4.2.2　数据来源

为确保数据的一致性，本章的直接外部水资源数据来源于《中国统计年鉴》。水资源使用被分为农业生产、工业生产、生态保护和居民使用四个类型，用水量分别为 151.6 亿 m^3、25 亿 m^3、2.0 亿 m^3 和 23.9 亿 m^3。假设来自农业生产的淡水被耕种者直接开采用于农田灌溉，而用于工业生产、生态保护和居民使用的淡水开采后需进行预处理才能使用。

本研究基于河北省 2007 年投入产出表对河北省社会经济的水资源使用进行分析和探讨。河北省 2007 年投入产出表是河北省最详细的正式投入产出表之一，国家统计局将该表按经济生产活动划分为 42 个部门。其中农林牧渔 1 个部门，工业 23 个部门，废品废料 1 个部门，建筑业 1 个部门，交通运输及仓储业 1 个部门，其他服务业 15 个部门。

将农业生产用水开采量归到农林牧渔业（部门 1），将生态保护用水和居民用水开采量归类到水的生产和供应业（部门 25），将工业用水根据产值分摊到各个工业部门（部门 2 到部门 25）。

4.3　结果分析

4.3.1　体现水强度

根据建立的河北省 2007 年生态系统投入产出表以及公式（4-5）计算得到 42 个部门的体现水强度，并建立数据库（如附表 7 所示）。图 4.2 是 42 个部门体现水强度的图形化表示。从图中可以看出体现水强度最高的三个部门是水的生产和供应业（部门 25），强度达到 11 226.02 m^3/万元；农林牧渔业（部门 1），强度达到 617.08 m^3/万元；食品制造及烟草加工业（部门 6），强度为 304.86 m^3/万元。前两位部门是由于社会经济直接开采的水资源集中在这两个部门，其中水的生产和供应业开采了绝大部分的居民用水和全部的生态用水，而农林牧渔业开采了大部分的农业用水，这与它们两者的强度结构一一对应。食品制造及烟草加工业的体现水开采量大部分来源于农业用水，主要原因在于食品制造及烟草加工业消耗了大量的农产品，其供应链体现了大量的农业

用水。

接下来排名靠前的三个部门依次是纺织业(部门 7)、纺织服装鞋帽皮革羽绒及其制品业(部门 8)和住宿和餐饮业(部门 31)。它们的体现水强度几乎都是农业用水占大部分比例,而这些产业均没有自行开采农业用水。这个结果一方面证实了农业用水是我国水资源使用的最大来源,另一方面也充分展示了这些产业与农业间的密切关系,它们大多是直接以农产品为原料的产业,因此相应的体现农业用水强度也大。部门 7 和部门 8 同属于纺织品和服装业部门。这说明河北省在纺织品和服装业上开采了大量的体现水资源。第三产业中除住宿和餐饮业,由于提供了大量的农业用水而体现水强度较大以外,其余的第三产业体现水强度均较小。

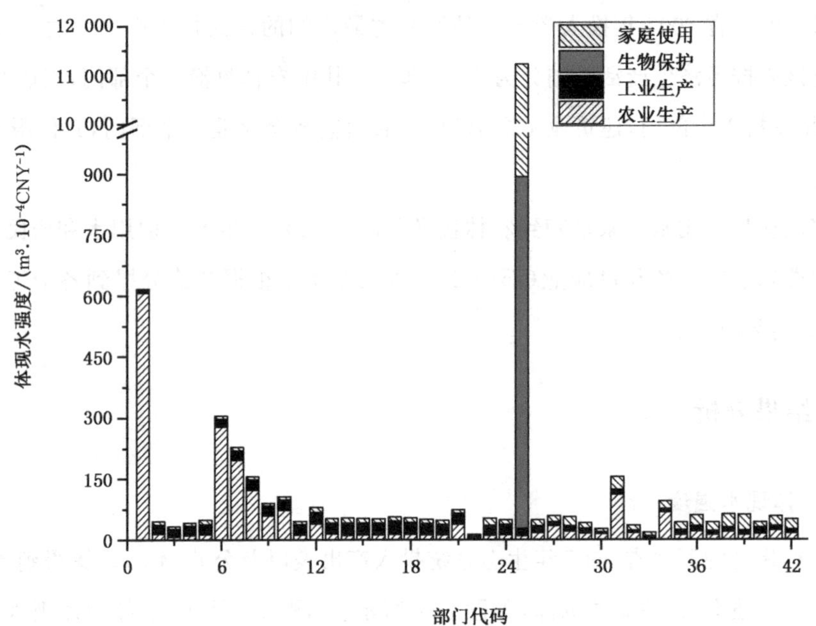

图 4.2　42 个部门的体现水强度

4.3.2　体现水的最终使用

从整体上考虑国内其他省份和直辖市以及国外与河北省内的经济贸易,最终使用可分为 6 个类别,分别为农村居民消费、城市居民消费、政府消费支出、固定资本形成总额、存货增加、流出。最终使用的体现水资源量数据见表 4.2。表中用于农业生产的体现水资源库存增加为负值,意味着今年的农业生产用水使用了一部分往年的库存,在体现水最终使用的组成图 4.3 中暂不列出。所列出的 5 种使用类别中,流出的水资源量最大，数值为 2.68E+10 m^3，占河北省最终使用总体现水资源量的 69%。其次是城市居民消费体现水资源量，数值为 5.67E+09 m^3，占总体现水资源量的 15%。而农村居民消费体现水资源量占总体现水资源量的 5%，数值为 2.02E+09 m^3。根据河北省 2008 年统计年鉴数据，2007 年河北省城市人口约为 2 795 万人，是农村人口的 2/3，然而城市居民的水资源占有量却是农村居民的 3 倍。这表明河北省的农村人口数量较大，城市与农村生活条件之间存在较大的差距。水资源合理利用的重点在于大力发展新农村建设，加快农村城市化进程，促进城市居民的生活方式向节水方向转变。

表 4.2　最终使用的水资源数据

水资源种类	最终消费支出			资本形成总额		流出	最终使用总额
	农村居民消费	城市居民消费	政府消费支出	固定资本形成总额	存货增加		
农业生产	1.54E+09	3.25E+09	4.13E+08	1.05E+09	−1.54E+09	2.05E+10	
工业生产	1.87E+08	3.84E+08	1.68E+08	1.23E+09	1.79E+08	4.08E+09	
生态使用	2.25E+07	1.57E+08	4.01E+07	6.62E+07	4.33E+06	1.73E+08	
居民用水	2.69E+08	1.87E+09	4.79E+08	7.91E+08	5.17E+07	2.07E+09	
总计	2.02E+09	5.67E+09	1.10E+09	3.13E+09	−1.30E+09	2.68E+10	3.74E+10

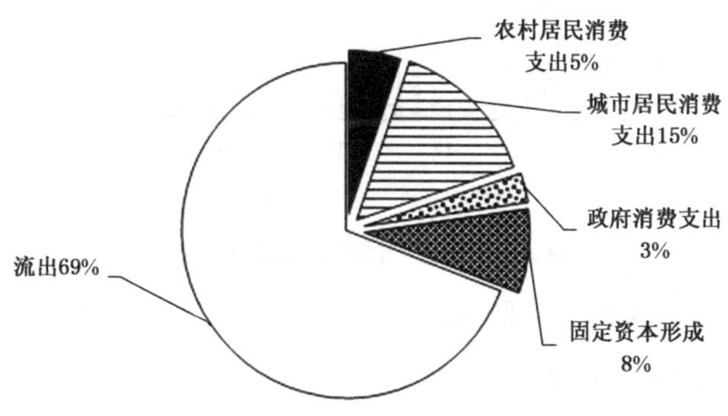

图 4.3　体现水最终使用类别组成(除存货增加类外)

从图 4.4 中可知，体现水最终使用排名前四的部门依次为农林牧渔业(部门 1)、食品制造及烟草加工业(部门 6)、金属冶炼及压延加工业(部门 14)和纺织业(部门

7)。四个部门"流出"的体现水资源量占有极大的比例，特别是农林牧渔业，绝大多数的农业体现水资源使用都用于出口，金属冶炼及压延加工业更是全部的体现水资源都用于出口。排名五、六的两个部门分别为建筑业(部门 26)、水的生产和供应业(部门 25)。两个部门的体现水资源利用量比较接近，其中 26 部门的全部体现水资源用于固定资产形成，而 25 部门的水资源绝大多数被城市居民消费。从对部门 1、部门 6 和部门 25 的比较来看，农村居民消费用水基本上来源于农业部门和食品制造及烟草加工业部门，且占有很小比例。这说明水生产和自来水供应部门主要供应城市居民用水，而农村居民用水只能通过农业直接开采或通过食品制造获得。这反映了城市居民与农村居民的生活消费结构的不同，也说明城市居民与农村居民的节水政策应当采取不同的侧重点。

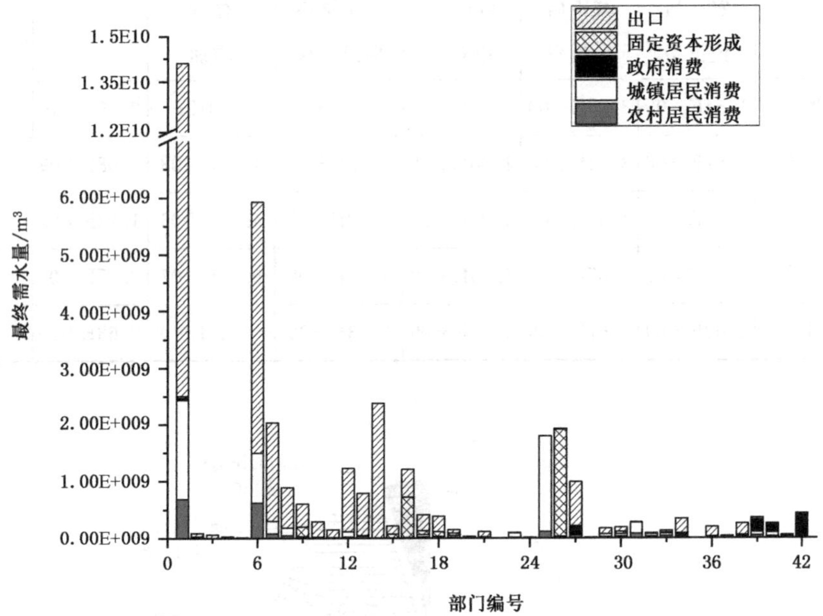

图 4.4　分部门的体现水最终使用

按产业分类可分为第一产业、第二产业和第三产业。其中部门 1 为第一产业，部门 2 到部门 25 为第二产业，部门 26 到部门 42 为第三产业。由此可得到图 4.5 的水资源按产业分类的最终使用基本情况。由图可知，第二产业是体现水资源利用最多产业，其次是第一产业，第三产业所占比例最小。第二产业有 70%比例的水资源用于出口，另外有 17%用于城市居民消费，而库存增加全部来源于第二产业；第一产业同样也发挥着重要的作用，其中有大约 73%的体现水用于出口，用于城市居民消费和农村居民消费的分别占 11%和 5%；第三产业的分配相对比较均衡，其中政府消费支出全部用于第三产业，约占第三产业投入的 19%，有 34%用于固定资本形成，有 31%用于出口，只有很少的一部分用于城市居民消费和农村居民消费。

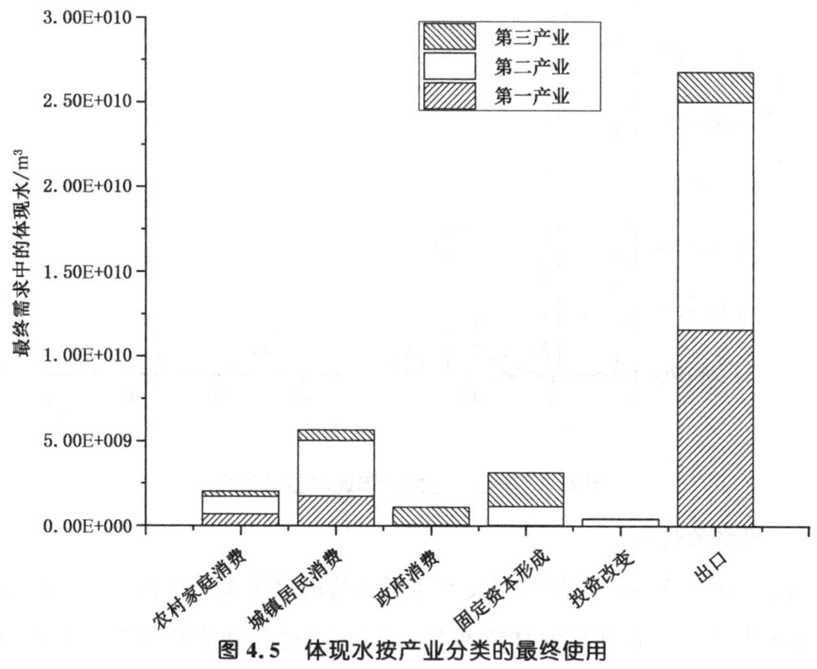

图 4.5　体现水按产业分类的最终使用

4.3.3　体现水贸易

本书在体现水贸易分析过程中没有明确国内和国际贸易的区别，将投入产出表中列出的“流入”和“流出”项目认为是国内贸易和国际贸易的总和。在此分别称为“进口”和“出口”。

(1) 体现水的出口

图 4.6 显示了按部门分配的河北省体现水的出口情况。部门 1(农林牧渔业)、部门 6(食品制造及烟草加工业)和部门 14(金属冶炼及压延加工业)是出口体现水资源最大的三个产业部门，它们的水资源量分别为 1.16E+10 m^3、4.42E+9 m^3 和 2.38E+9 m^3，分别占河北省总出口量的 43.3%、16.5%和 8.9%。可以看出，体现水出口贸易的水资源主要是农业产品、食品、烟草产品和金属冶炼及压延加工产品。从行业的角度看，第一、二产业负责大部分的体现水出口，而第三产业体现水出口所

占比例非常小。第一产业出口总数 1.16E+10 m³,占总出口量的 43.3%;第二产业出口总数为 1.343E+10 m³,占总出口量的 50%。

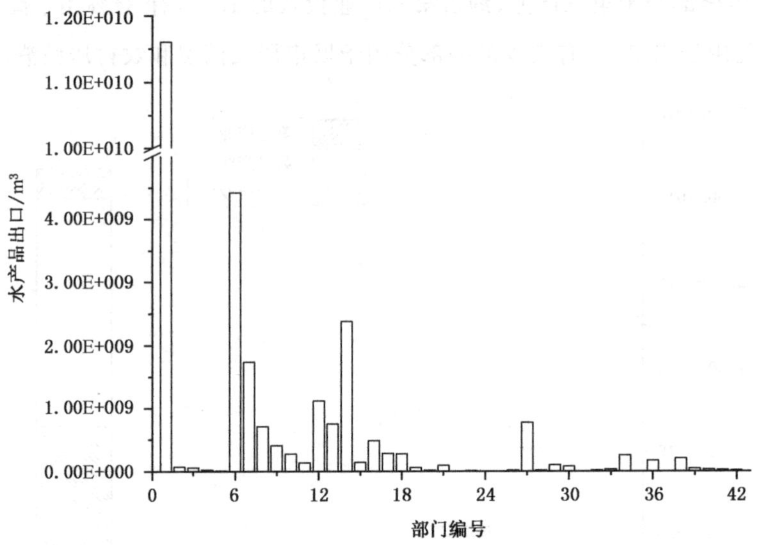

图 4.6　按部门分配的体现水出口情况

(2) 体现水的进口

图 4.7 显示了按部门分配的河北省体现水的进口情况。由图可见,体现水的进口量远小于出口量。部门 1(农林牧渔业)、部门 6(食品制造及烟草加工业)和部门 25(水的生产和供应业)是进口体现水资源最大的三个产业部门,它们的水资源量分别为 4.64E+9 m³、1.76E+9 m³ 和 1.17E+9 m³,分别占河北省总进口量的 27.3%、10.2%和 6.8%。可以看出,体现水进口贸易的水资源主要是农业产品、食品、烟草产品和水产品。从行业的角度看,第一、二产业负责大部分的体现水进口,而第三产业体现水进口所占比例非常小。第一产业进口总数 4.64E+9 m³,占总进口量的 27.3%;第二产业进口总数为 9.73E+9 m³,占总进口量的 57%。

(3) 体现水的贸易平衡

图 4.8 显示的是体现水的贸易平衡分布情况。从图中可以看出,河北省是一个虚拟水出口区域,体现水的商品贸易总额是 9.63E+9 m³。河北省的虚拟水出口量为 2.68E+10 m³,远高于进口量 1.72E+10 m³。42 个部门中有 24 个部门显示虚拟水净盈余,而其他 18 个部门都显示虚拟水净赤字。部门 1(农林牧渔业)是虚拟水

出口最多的部门，净出口量为 6.96E+9 m^3，是最大的贸易顺差部门。净出口排名第二的是部门 6（食品制造及烟草加工业），净出口虚拟水达到 2.66E+9 m^3。部门 14（金属冶炼及压延加工业）仅次于部门 6，净出口虚拟水为 1.67E+9 m^3。虚拟水净进口量最大的部门集中在部门 25（水的生产和供应业）和部门 26（建筑业），净进口量分别为 1.17E+9 m^3 和 9.11E+8 m^3。

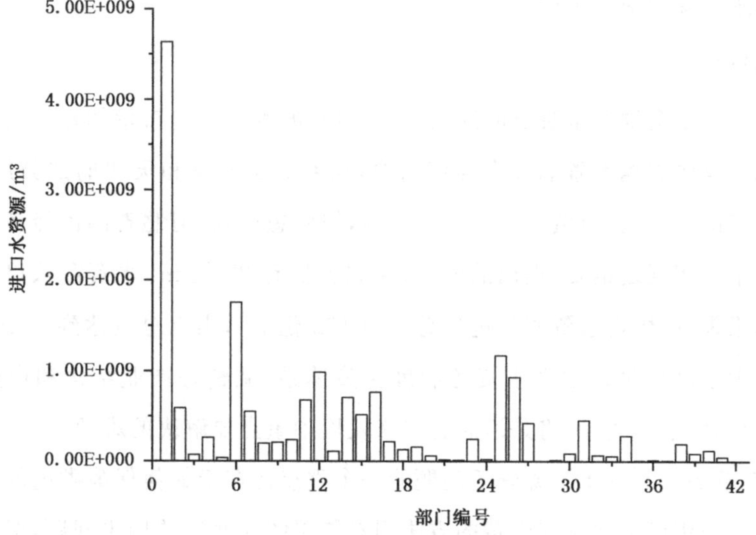

图 4.7　按部门分配的体现水进口情况

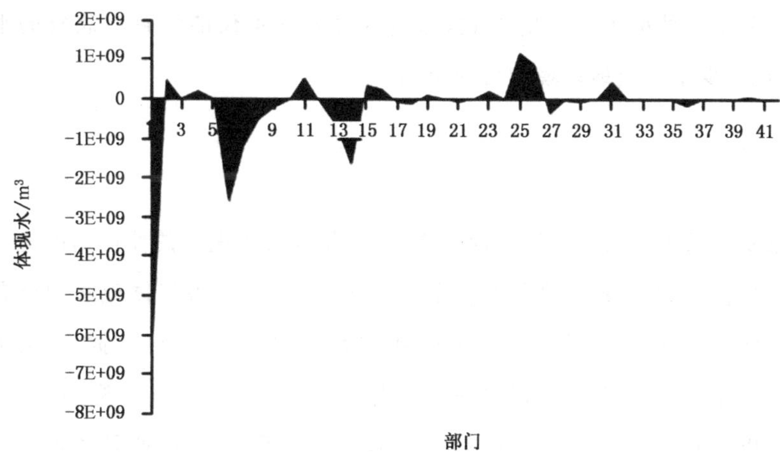

图 4.8　体现水的贸易平衡

以上结果表明，河北省的体现水出口多与食品相关，其中部门 6 是直接与食品

有关的产业，而占主导地位的与农业有关的体现水出口主要是在农业机械、化肥、种子等方面。河北省集中了众多钢材加工企业，钢材主要用于出口，因此，金属冶炼及压延加工业体现水出口必然呈现贸易顺差。河北省自身是水资源极度匮乏的地区，大量水资源的出口导致本省的水资源短缺，居民用水是首先要解决的问题，所以虚拟水进口最多的部门自然是水的生产和供应业（部门 25）。以上结果直接揭示了河北省虚拟水资源的使用规律。

4.3.4 讨论

河北省是水资源严重匮乏的地区，但是每年的水资源出口量却相当大。河北省的水资源不仅要支撑本省的社会经济需要，还要满足北京和天津的部分用水需求。即便实施了南水北调、引黄等各项开源工程，但要想达到《河北省国民经济和社会发展第十二个五年规划纲要》提出的要求，河北省仍有 27 亿 m^3 水资源缺口。从体现水核算结果来看，体现水资源的进口总量为 172 亿 m^3，出口总量达到了 268 亿 m^3，出口量远大于进口量。健全水资源制度保障体系、调整好产业结构和产业升级转型、制定合理的节水政策，将是河北省未来发展中重点要解决的难题。

目前，解决河北省水资源匮乏问题的一个重点还在于如何保障省内的生态系统不被破坏。采用南水北调和引黄的方法固然能缓解河北省的用水问题，但是同时也会破坏生态环境。从体现水的贸易分析来看，通过改变贸易结构引进其他省份的水密集型产品是一种更为有效的方式，通过这种方式不仅能缓解河北省的水资源压力，而且也减少了对当地环境的负面影响。

4.4 小结

本章基于系统投入产出法对河北省 2007 年经济体现水的使用情况进行了系统的分析，提出了一套体现水系统核算的理论框架，计算结果就体现水的分布和规模给出了具体的量化数据，并构建了一套相对完善的体现水强度数据库，它不仅适用于计算最终需求的体现水量，而且还可以用于中间经济活动的体现水使用计算。本章详细分析了河北省体现水的使用情况，从结果来看，第二产业是体现水最终使用最多的产业，但是 70％的体现水产品都用于了出口。第一产业最终使用量仅次于第二产业，但是有 73％的体现水产品也用于了出口。第三产业的最终使用量远小于另外两个产业。第三产业在节水战略上表现出较大的优势，但是从第三产业节省的体现水并不能对第一和第二产业的水资源控制起到明显的调节效果。因此，需要合理地调节贸易收支，重新平衡各部门间的水资源分配比例，这对于缓解河北省水资源短缺的问题能够起到重要的作用。

参考文献

[1] Wang Y，Li W，Wang Y，et al. Integrate actions for waterresources protection in Beijing Tianjin-Hebei Region[J]. China Water Resources，2015，1：1-37.

[2] Lambooy T . Corporate social responsibility：sustainable wateruse[J]. J Clean Prod，2011，19(8)：852-866.

[3] Shao L，Wu Z，Zeng L，et al. Embodiedenergy assessment for ecological wastewater treatment by aconstructed wetland[J]. Ecol Modell，2013，252：63-71.

[4] Han M，Guo S，Chen H，et al. Local-scale systems input-output analysis of embodied water for the Beijing economy in 2007[J]. Front Earth Sci，2014. 8(3)：414-426.

[5] Shao L，Chen G Q. Water footprint assessment for wastewatertreatment：method，indicator，and application [J]. Environ Sci Technol，2013，47 (14)：7787-7794.

[6] Han M Y，Chen G Q，Mustafa M T，et al. Embodied water for urban economy：A three-scale input-output analysis for Beijing 2010 [J]. Ecol Modell，2015，318：19-25.

[7] Odum H T，Odum B. Concepts and methods of ecologicalengineering[J]. Ecol Eng，2003，20(5)：339-361.

[8] Chen G Q，Chen Z M. Carbon emissions and resources use byChinese economy 2007：a 135-sector inventory and input-outputembodiment[J]. Commun Nonlinear Sci Numer Simul，2010，15(11)：3647-3732.

[9] Chapagain A K，Hoekstra A Y. The blue，green and grey water footprint of rice from production and consumption perspectives[J]. Ecol Econ，2011，70(4)：749-758.

[10] Chen G Q, Shao L, Chen Z M, et al. Low-carbon assessment for ecological wastewater treatment by a constructed wetland in Beijing[J]. Ecol Eng, 2011, 37(4): 622-628.

[11] Zhang Z Y, Yang H, Shi M J, et al. Analyses of impacts of China′s international trade on its water resources and uses[J]. Hydrol Earth Syst Sci, 2011, 15(9): 2871-2880.

[12] Allan J A. Policy responses to the closure of water resources. In: Howsam P, Carter R, eds. Water Policy: Allocation and Management in Practice [J]. London: Chapman and Hall, 1996.

[13] Hoekstra A Y. Virtual water trade: proceedings of the international expert meeting on virtual water trade[J]. Value of water research report series, 2003, No. 12. Delft: IHE.

[14] Ma J, Hoekstra A Y, Wang H, et al. Virtual versus real water transfers within China[J]. Philos Trans R Soc Lond B Biol Sci, 2006, 361(1469): 835-842.

[15] Leontief W W. Quantitative input and output relations in the economic systems of the United States[J]. Rev Econ Stat, 1936, 18(3): 105-125.

[16] Klaassen L H. Economic and social projects with environmental repercussions: a shadow project approach[J]. Reg Urban Econ, 1973, 3(1): 83-102.

[17] 河北省统计局. 河北省统计年鉴 2007[M]. 北京:中国统计出版社,2008.

第 5 章

水资源使用的三尺度投入产出分析——以河北省为例

水资源的合理使用与区域经济发展密切相关，准确核算区域经济的水资源使用量，分析区域经济与城市经济之间的用水差异，对区域经济管理者合理调配水资源和制定用水政策尤为重要。为此，本章充分考虑了区域经济与国家经济（调入和调出）和世界经济（进口和出口）间的产品交流，以河北省为例，结合三尺度投入产出分析方法和体现水理论对区域经济体现水的使用情况进行了详细的系统核算与分析，并将河北省经济体现水在国内外贸易中的使用情况分为了三种来源（当地取水、国内调入和国外进口）和三种去向（当地最终需求、国内调出和国外出口），同时与北京经济进行了详细比较，阐明了区域经济与城市经济的用水特点。

5.1 概述

区域经济协调发展是整个国民经济发展的重要条件。充分发挥区域的特点和优势，合理利用区域的水资源，对于推动区域经济建设、促进国民经济发展具有十分重要的经济和政治意义。区域经济发展是在国家经济或城市经济发展的带动下产生并发展起来的。随着区域经济作用的发挥，现在研究城市和国家发展战略时，必须考虑所形成的区域经济发展状况，因此，区域经济在国家内部经济体中占有举足轻重的地位。

随着经济建设和城市化的加速发展，很多区域出现了供水紧张的局面，而水资源与产业结构配置不合理是主要问题之一。国家在繁荣经济之际，需要从战略高度认识水资源的开发使用与区域经济协调发展的重要性。因此，在区域经济体系下，水资源使用的系统核算与分析研究成为当前的热点课题。透析区域经济水资源的使用状况，找出其与城市经济水资源使用的差异性，对缓解水资源供需矛盾，促进区域经济持续、稳定、协调发展具有十分重要的意义。

河北省在京津冀一体化建设中占有举足轻重的地位，是我国最具代表性的区域经济体之一，同时也是我国水资源严重缺乏的省份之一。水资源供需矛盾突出，水生态环境脆弱，水环境承载压力不断加大，水环境问题已经成为制约其经济社会可持续发展和生态文明建设的瓶颈之一。随着京津冀一体化建设的不断推进，京津冀的功能有了新的定位，三地用水格局发生了较大的改变，京津两大城市的用水量相比以往还将大幅度增加，河北省水资源短缺问题将更加严重。在京津冀协同发展的大背景下，破解区域面临的水资源、水环境问题十分必要和迫切。在《京津冀协同规划纲要》的功能定位中，河北省是京津冀生态环境的支撑区，在生态资源的利用和环境保护方面担负着重要的责任。随着京津冀协同发展战略的大力实施，京津冀地区水资源形式正在发生显著变化，水资源的利用和安全保障也面临着新的挑战和要求。《京津冀协同发展水利专项规划》中指出，京津冀将被划分为“三区一带”(燕山太行山区、山前平原区、中东部平原区和东部沿海带)，形成一体化的水资源配置新格局，要构建流域区域协同治理机制，逐步完善水资源养蓄用治功能。由此可见，京津冀三地亟需获得各地用水情况的详细数据分析结果，依此以高效循环利用为前提，统筹考虑用水方案，制定科学合理的水资源配置和节水政策，并优化用水结构，来满足三地用水的刚性需求。

根据河北省 2008 年统计年鉴水资源数据统计，河北省 2007 年直接用水总量为 202.5 亿 m^3，其中，农业用水量为 151.6 亿 m^3，工业用水量为 25 亿 m^3，居民生活用水量为 23.9 亿 m^3，生态环境用水量为 2 亿 m^3。从以上直接用水数据来看，农业是河北省直接用水量最大的产业部门，远大于工业用水。但河北省作为全国的工业大省，工业 GDP 一直处于国内前列。考虑到河北省第二产业在国内外贸易中的突出贡献，体现在产品流通过程中的间接用水将占据工业用水总量(包括直接和间接用水)的较大比重。考虑间接用水的核算促使人们对水资源的使用有了全新的认识。从对外公布的数据来看，目前河北省只有直接水资源使用量的统计数据，尚缺少在产品流通过程中体现出的间接用水数据，因此，无法准确反映出河北省的实际用水状况。统计数据的不完整给河北省水资源的合理配置和政策制定带来了极大的困难。

系统投入产出分析方法自提出以来得到了迅速发展，被应用于不同尺度经济体（世界经济、国家经济和城市经济等）的各种体现生态要素（体现能、体现温室气体排放、体现水、能值和㶲值等）的系统核算和分析。过去由于受数据获取的限制，系统投入产出研究大多忽略了系统外产品与系统内产品具有不同体现生态要素强度的情况，而这种处理方法显然是不够精确的。为了提高数据分析的精度，陈国谦课题组于 2011 年提出了多尺度投入产出模拟方法，有效地解决了单尺度投入产出分析方法精度低的问题。其中，关于体现水的核算方法在世界经济、中国经济等多个经济体的体现水分析中获得了成功应用，而且在新能源工程、污水处理工程、建筑安装工程等领域的水资源系统核算中也得到了广泛的应用。

为此，本章利用了多尺度系统投入产出分析方法，结合体现水理论，引入了世界和中国体现水强度数据库，对河北省体现水资源进行了三尺度系统核算与分析。通过体现水的投入产出平衡关系建立体现水的生态系统投入产出物理平衡关系方程式，并求解得到了河北省体现水强度指标，给出了体现水强度、最终需求及体现水贸易状况，讨论了造成河北省体现水资源贸易不平衡的主要原因。由于目前尚缺少天津经济体现水的核算结果，因此，本研究只与北京经济体现水核算结果进行了对比分析，比较了两种经济体的用水差异性，给出了城市经济和区域经济的体现水资源使用特点。本研究的核算结果将为城市经济和区域经济的用水和节水政策的调整和制定，以及水资源的合理配置提供有价值的数据参考。

5.2　方法和数据来源

本章将体现水理论与系统投入产出分析方法相结合，建立体现水流的三尺度投入产出分析模型，利用模型对体现水资源的使用进行系统核算与分析。具体使用方法与相关数据来源详细情况如下。

5.2.1　体现水流的三尺度投入产出算法

考虑系统内、外的同类产品具有不同的体现生态要素，基于经济投入产出表建立体现水三尺度系统投入产出表的基本结构，如表 5.1 所示。为简化计算过程，将

中国所有区域总归类为国家尺度，将世界所有国家总归类为世界尺度。表 5.1 中 $z^L_{i,j}$ 表示从系统内部门 i 到系统内部门 j 的中间投入经济流，$z^D_{i,j}$ 表示从国家经济部门 i 到系统内部门 j 的中间投入经济流，$z^F_{i,j}$ 表示从世界经济部门 i 到系统内部门 j 的中间投入经济流。c^L_i、c^D_i 和 c^F_i 分别表示系统内、国家经济和世界经济部门 i 提供给系统内最终需求的经济流。out^{LD}_i 和 out^{LF}_i 分别表示从系统内部门 i 输出到国家经济和世界经济的经济流，x_i 表示系统内部门 i 的总产出经济流。$w_{k,i}$ 表示系统内部门 i 所消耗的第 k 种水资源量。

表 5.1 体现水三尺度投入产出表的基本结构

投入		产出				
		中间使用	最终需求	国内调出	国外出口	总产出
		部门 1…部门 n	部门 1…部门 n	部门 1…部门 n	部门 1…部门 n	
本地投入	部门 1…部门 n	$z^L_{i,j}$	c^L_i	out^{LD}_i	out^{LF}_i	x_i
国内调入	部门 1…部门 n	$z^D_{i,j}$	c^D_i			
国外进口	部门 1…部门 n	$z^F_{i,j}$	c^F_i			
生态投入	水资源	$w_{k,i}$				

系统内部门 i 总经济产出 x_i 在经济流中遵循以下平衡关系：

$$x_i = \sum_{j=1}^{n} z^L_{i,j} + c^L_i + out^{LD}_i + out^{LF}_i \tag{5-1}$$

系统内最终使用的经济流 $d^L_i = c^L_i + out^{LD}_i + out^{LF}_i$。参数 $\varepsilon^L_{k,j}$、$\varepsilon^D_{k,j}$ 和 $\varepsilon^F_{k,j}$ 分别表示区域经济、国家经济和世界经济部门 j 所产出商品的第 k 种水资源体现水强度；in^{LD}_j 和 in^{LF}_j 分别表示从国家经济和世界经济部门 j 调入和进口到系统内部门 i 的经济流。本章在考虑调入和进口经济流时，将不对中间投入和最终使用部分做具体划分。由此得到部门 i 的体现水资源平衡关系方程为：

$$\begin{aligned} & w_{k,i} + \sum_{j=1}^{n} \varepsilon^L_{k,j} z^L_{j,i} + \sum_{j=1}^{n} \varepsilon^D_{k,j} in^{LD}_j + \sum_{j=1}^{n} \varepsilon^F_{k,j} in^{LF}_j = \\ & \varepsilon^L_{k,i} \left(\sum_{j=1}^{n} z^L_{i,j} + c^L_i + out^{LD}_i + out^{LF}_i \right) \end{aligned} \tag{5-2}$$

将式(5-1)代入式(5-2)，并将上述方程进行扩展，得到包含 n 个部门并具有 m 种水资源的生态经济系统平衡方程：

$$\boldsymbol{W}+\varepsilon^{L}\boldsymbol{Z}^{L}+\varepsilon^{D}\boldsymbol{in}^{LD}+\varepsilon^{F}\boldsymbol{in}^{LF}=\varepsilon^{L}\boldsymbol{X} \tag{5-3}$$

对式(5-3)进一步整理可得

$$\boldsymbol{\varepsilon}^{L}=(\boldsymbol{W}+\boldsymbol{\varepsilon}^{D}\boldsymbol{in}^{LD}+\boldsymbol{\varepsilon}^{F}\boldsymbol{in}^{LF})(\boldsymbol{X}-\boldsymbol{Z}^{L})-1 \tag{5-4}$$

其中 $\boldsymbol{W}=[w_{k,i}]_{m\times n}$，$\boldsymbol{\varepsilon}^{L}=[\varepsilon_{k,i}^{L}]_{m\times n}$，$\boldsymbol{\varepsilon}^{D}=[\varepsilon_{k,i}^{D}]_{m\times n}$，$\boldsymbol{\varepsilon}^{F}=[\varepsilon_{k,i}^{F}]_{m\times n}$，$\boldsymbol{Z}^{L}=[z_{i,j}^{L}]_{n\times n}$，$\boldsymbol{in}^{LD}=[in_{i,j}^{LD}]_{n\times n}$，$\boldsymbol{in}^{LF}=[in_{i,j}^{LF}]_{n\times n}$，$\boldsymbol{X}=[x_{i,j}]_{n\times n}$。当 $i=j$ 时，$in_{i,j}^{LD}=in_{j}^{LD}$，$in_{i,j}^{LF}=in_{j}^{LF}$，$x_{i,j}=x_{i}$；当 $i\neq j$ 时，$in_{i,j}^{LD}=0$，$in_{i,j}^{LF}=0$，$x_{i,j}=0$。

通过式(5-4)，可以计算出产出产品的体现水强度 ε。它适用于系统投入产出分析中的所有经济流，包括最终需求和中间使用的经济活动。它不仅能表示在生产过程中单位货币所消耗的直接和间接水资源量，而且能够体现产品的货币价值和水资源使用之间的内在关系。

5.2.2　数据来源

用于区域、国家和世界三尺度投入产出分析的详细使用数据如下：

(1) 区域尺度数据

区域尺度数据包括经济投入产出表和直接外部水资源开采量分布表。经济投入产出表使用当前最详细的河北省 2007 年 42 个部门的投入产出表。河北省 2007 年直接外部水资源开采数据来源于《中国统计年鉴 2008》。本研究将工业生产用水按总产值分摊到各个工业部门(部门 2 到部门 25)。假设来自农业生产的淡水被耕种者直接开采用于农田灌溉，而用于工业生产、生态保护和居民使用的淡水开采后需进行预处理才能使用。

(2) 国家尺度数据

国家尺度数据使用了中国经济 2007 年 135 个部门的平均体现水强度。为了保证和区域尺度分 42 个部门的数据的一致性，本研究通过各部门总产值加权平均的方法将 135 个部门的体现水强度数据转换为 42 个部门(见附表 5)。

(3) 世界尺度数据

世界尺度数据使用了世界经济 2007 年 189 个国家 26 个部门的平均体现水强度。为了保证和区域尺度分 42 个部门的数据的一致性，本书通过所有国家的分部门总产值加权平均的方法将 26 个部门的体现水强度数据转换为 42 个部门(见附表 6)。

5.3 结果与分析

基于上述研究方法和数据，对河北省 2007 年经济体现水进行三尺度投入产出分析和系统核算，并与北京经济的核算结果进行比较，详细分析过程如下。

5.3.1 体现水强度

根据表 5.1 及公式(5-4)计算得到河北省 2007 年 42 个部门的体现水强度，并建立数据库(见附表 7)。该数据库分别由农业生产、居民使用、工业生产和生态保护四部分体现水强度构成。图 5.1 表示的是河北省 2007 年 42 个部门四种水资源类型的体现水强度图形化表示。由图可以看出，部门 25(水的生产和供应业)的体现水强度远高于其他部门，该部门不仅开采了几乎全部的居民用水和大部分的工业用水，而且绝大多数的生态用水也被该部门开采。而部门 37(水利、环境和公共设施管理业)是生态环境管理的职能部门，却只开采了比重很小的生态用水。排名第二的部门 1(农林牧渔业)开采了大量的农业用水，比例高达 96.7%，主要是因为该部门需要大量直接开采的水资源用于农田灌溉。排名第三的食品制造及烟草加工业的体现水开采量大部分来源于农业用水，比例高达 88.6%，主要原因在于食品制造及烟草加工业消耗了大量的农产品，其供应链体现了大量的农业用水。

接下来排名四到六位的三个部门依次是部门 7(纺织业)、部门 31(住宿和餐饮业)和部门 8(纺织服装鞋帽皮革羽绒及其制造业)。它们所表现的体现水强度结构都是农业用水开采量占大部分比例(比例依次是 78.9%、76.3%和 73.8%)。以上分析充分证实了农业用水是我国水资源使用的最大来源，也体现了这些产业部门与农业间的密切关联。

利用多尺度投入产出分析方法，根据河北省经济 2007 年体现水流的三尺度投入产出模型得到各产业部门水资源体现水强度数据库，该数据库分别由省内直接用水、国内调入和国外进口三部分体现水强度构成。图 5.2 是 42 个部门的体现水强度图形化表示。从图 5.2 中可以看出，第一产业部门省内直接用水比例高达 66%，国内调入体现水强度不到省内直接用水强度比例的 1/2。这说明农业部门用于农田灌溉的水资源主要来源于省内直接用水。第二产业和第三产业中只有部门 25 的省内直接用水比例超过 50%，其占比为 63.7%。这说明农业与水的生产和供应业两大部门的体现水资源主要依靠省内直接用水支持。

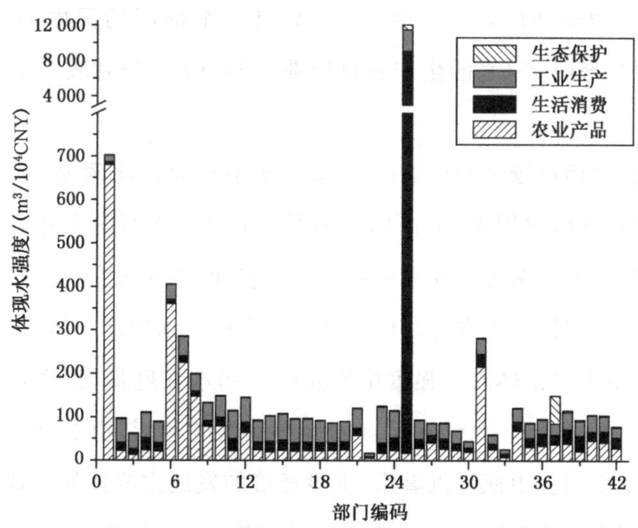

图 5.1　河北省 2007 年 42 个部门四种类型的体现水强度

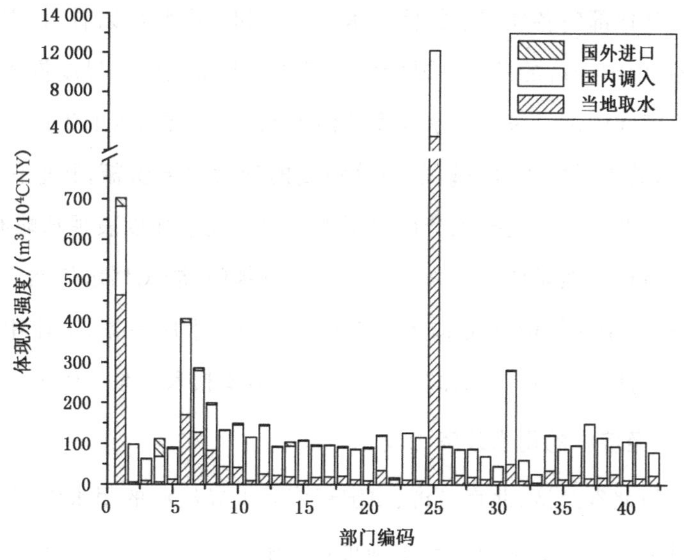

图 5.2　直接用水、调入和进口 42 个部门的体现水强度

图 5.2 表示的是当地、调入和进口三个来源分 42 个部门的体现水强度。从国内调入来看，排名前四的部门均来自第二产业，国内调入体现水资源比例均超过 90%，依次为部门 2(煤炭开采和洗选业)、部门 24(燃气生产和供应业)、部门 11(石

油加工、炼焦及核燃料加工业)和部门 23(电力、热力的生产和供应业),所占比例依次为 94.3%、92.2%、91.4%和 90.7%。只有两个部门的国内调入比例未超过 50%,它们依次是部门 25(水的生产和供应业)和部门 1(农林牧渔业),所占比例分别为 36.3%和 31%。

国外进口比例相对较大的是部门 4(金属矿采选业),比例为 39%,其次是部门 22(废品废料业),进口比例为 24.9%,其他部门的进口比例均不足 10%。相比省内直接取水和国内调入这两类体现水来源,国外进口的体现水在河北省的使用强度小得多。这说明河北省的体现水资源使用更多的是依靠国内调入和省内直接供给。

调研发现,世界经济体现水强度中农业部门用水强度最大,主要来源于自行开采的农业用水。其次是电力、燃气及水的生产和供应业,其中工业用水占据绝大多数的体现水强度份额。由此可以看出,世界经济的发展主要依靠农业和工业。中国经济体现水强度中水的生产和供应业所占强度最大,绝大多数来源于居民用水,其用水强度远大于其他部门各项用水的总强度,另外一部分来源于工业用水,其体现水强度仍大于其他部门各项用水的体现水强度总和。由此可以看出,中国的居民用水是第一位的,中国经济的发展主要借助于工业。北京经济三尺度投入产出分析得到的体现水强度和中国经济体现水强度总体表现水平相似,水的生产和供应业部门用水强度最大,其中居民用水占该部门总强度的绝大多数份额,其他份额均被工业用水占据。而河北省三尺度投入产出分析得到的体现水强度表现却略有不同,虽然水的生产和供应业仍然是体现水强度最大的产业部门,居民用水依然占据该部门绝大多数的份额,但是其他份额大部分却被生态保护用水所占据,工业用水强度只占很小的比例。由此可见,在生态保护方面河北省需要投入大量的体现水资源。

5.3.2 与不同经济体的用水效率比较

为了对比河北省经济、北京经济、中国经济和世界经济的用水效率,本研究引入了的北京经济 2007 年 42 部门体现水强度(如图 5.3 所示)、中国经济(基于两尺度核算)和世界经济(基于世界多区域核算)的平均体现水强度的计算结果,并将其与河北省经济 2007 年三尺度核算分析得到的体现水强度进行对比(见表 5.2)。

比较图 5.1 和图 5.3 可以看出,河北省经济体现水强度排名前五的部门中只有部门 1(农林牧渔业)的体现水强度与北京经济对应部门的强度相当,其他四个部门的体现水强度均明显高于北京经济相应部门，特别是部门 25(水的生产和供应业)，强度水平超过了北京经济对应部门的 2 倍。由此可知，河北省的部门 6(食品制造及烟草加工业)、部门 7(纺织业)、部门 25(水的生产和供应业)和部门 31(住宿和餐饮业)的用水效率相比北京有很大差距，特别是部门 25 还存在很大的节水空间。

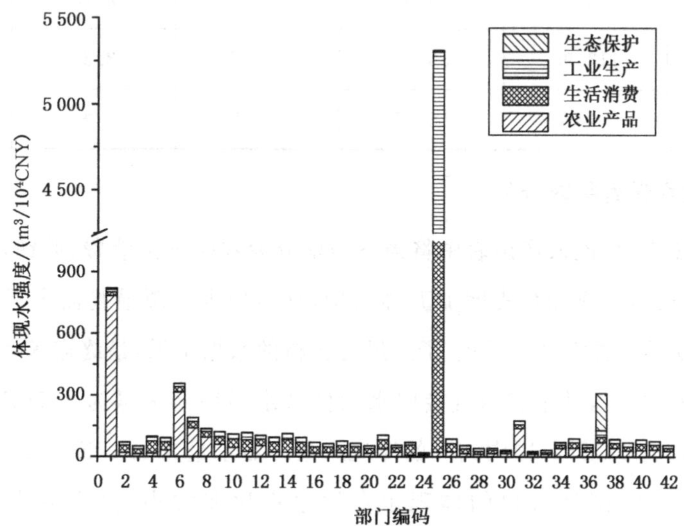

图 5.3　北京经济 2007 年 42 部门体现水强度

由表 5.2 可以看出，河北省经济的各项体现水强度均高于世界经济平均水平，与中国的总用水强度较为接近，且四种类型的用水强度结构与中国接近，其农业用水、工业用水、居民用水和生态用水强度均略低于中国经济。与此同时，河北省经济的总用水体现水强度远高于北京经济，居民用水和生态用水强度与北京经济对应用水类型相差不多，农业用水和工业用水都远高于北京经济。由此可知，河北省作为国内缺水较为严重的地区之一，用水效率却处于中国平均水平。与北京经济相比，河北省经济各产业的用水效率仍然需要进一步提高，特别是农业用水效率还有很大提高空间。相关部门应当对此引起足够的重视。

表 5.2　不同经济体的平均体现水强度(单位:m^3/万元)

经济体	农业用水	工业用水	居民用水	生态用水	总用水
河北省经济	169.99	45.45	24.84	1.89	179.17
北京经济	44.27	25.03	17.85	2.15	89.29
中国经济	113.95	53.15	27.57	3.21	197.89
世界平均	54.77	15.77	8.92	—	79.46

5.3.3　体现水最终需求分析

河北省 2007 年投入产出表中将最终需求分为农村居民消费、城镇居民消费、政府消费、固定资本形成和存货增加五种类型,其体现水资源最终需求量的图形化表示如图 5.4 所示。图 5.4(a)展示了三尺度分析的数据结果,最终需求体现水资源总量为 1.67E+10 m^3,其中省内直接取水的体现水最终需求量为 4.76E+09 m^3,占最终需求总量的 28.5%;国内调入的体现水最终需求量为 1.17E+10 m^3,占最终需求总量的 70.1%;国外进口的体现水资源量占比非常小,仅为最终需求总量的 1.4%。

城镇居民消费使用了大量的省内直接开采体现水资源,约占城镇居民消费体现水资源总量的 47.8%,另有 50.6%的体现水资源使用来源于国内调入。可见国内其他省份对于河北省城镇居民的用水给予了巨大的支持。存货增加的体现水使用一部分来源于国内调入,另外还使用了一部分过去的省内直接用水和国外进口体现水资源库存量,净减少量约为 9.89E+08 m^3。

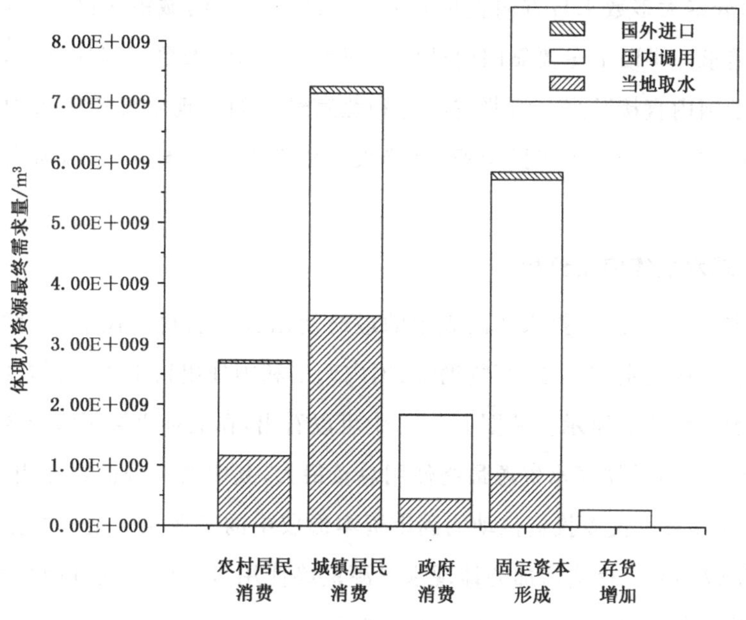

(a) 五种类型最终需求量对比

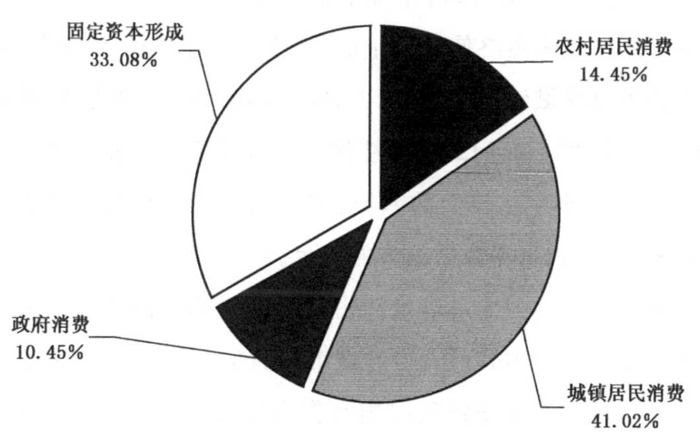

(b) 四种类型最终需求结构组成（除库存增加外）

图 5.4　河北省经济 2007 年体现水最终需求

将河北省经济体现水最终需求与北京经济的结果进行比较。两个经济体的体现水国内进口量占比几乎相同。城镇居民消费都是两个经济体中体现水最终需求量最大的类型。河北省城镇居民消费体现水的国内进口量约占最终需求总量的一

半，其余部分绝大多数来自省内直接开采。而北京经济的城镇居民消费则不同，体现水最终需求一半以上主要靠国内进口来满足，有 26%来源于国外进口，只有不足 25%来源于国内直接开采。河北省经济和北京经济的体现水最终需求中固定资本形成的占比均仅次于城镇居民消费，且绝大多数都来源于国内调入，所占比重几乎相同。

5.3.4 体现水最终使用分析

河北省 2007 年经济投入产出表中的最终使用分为农村居民消费、城镇居民消费、政府消费、固定资本形成、存货增加、国内调出和国外出口七种，其体现水使用量图形化表示如图 5.5 所示。从图 5.5(a)中可以看出，在七种直接用水分类的统计数据中，国外出口贸易体现水资源最终使用总量最大，其中大部分被农业用水所占据，占比约为 68.5%。代表投资拉动的固定资本形成中的工业用水使用总量所占比例最大，约为 47.6%。存货增加的体现水资源最终使用量总体呈现负增长态势，原因在于农业用水使用了部分库存量，约为 1.65E+09 m^3。

从图 5.5(b)体现水最终使用的结构组成来看，国外出口总量所占比例最大，约为 64.1%。其次是城镇居民消费，占体现水最终使用总量的 13.3%。而固定资本形成的体现水资源使用量占最终使用总量的 10.7%。北京经济体现水最终使用总量所占比例最大的类型是城镇居民用水，占总量的 46.49%。其次是固定资产形成，占总量的 25.46%。由此可知，河北省经济作为区域经济的代表，与城市经济体现水最终使用的结构组成相比存在较大的差异，河北省扮演着体现水资源供给方的角色，而北京市则扮演着体现水资源需求方的角色。

北京经济体现水资源的国内进口量约占最终使用总量的 70%。由于北京对水资源的刚性需求主要通过国内其他省份和城市来满足，所以体现在最终使用的水量主要受国内进口影响较大。而城镇居民用水作为体现水最终使用量最大的组成部分，其主要用水来源于国内进口，占比为 56.1%，其次是国外进口，占比 26.1%。从河北省和北京市的地理位置以及一体化建设的特殊关系来看，今后河北省将成为北京市极为重要的体现水国内进口区域经济体，在京津冀一体化建设中将发挥重要的作用。

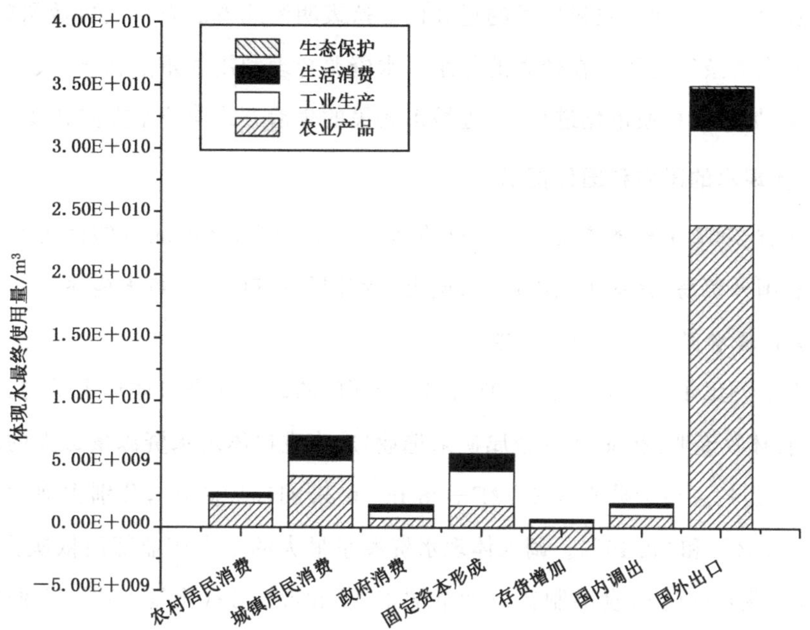

(a) 直接用水七种类型的体现水最终使用

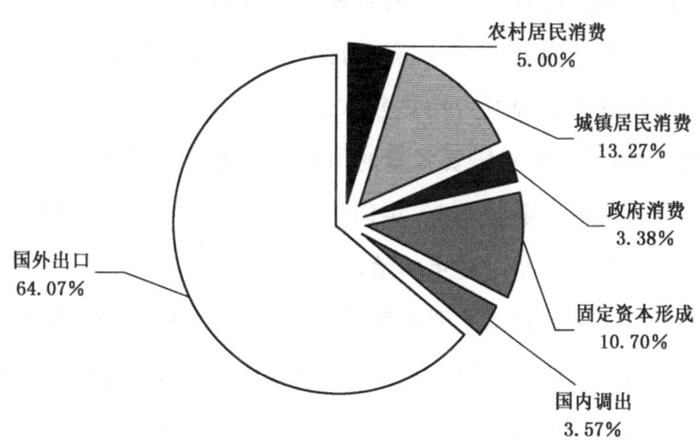

(b) 体现水最终使用结构组成(除库存增加外)

图 5.5　体现水最终使用类别组成

从河北省最终使用的其他组成来看，农村居民消费体现水资源使用量约为 2.73E+09 m³，占体现水最终使用总量的 5%。根据河北省 2008 年统计年鉴数据，2007 年河北省城市人口(2 795 万人)约是农村人口(4 148 万人)的 2/3，然而城市居

民的水资源占有量却是农村居民的近 3 倍。这表明河北省的农村人口数量较大，城市与农村生活条件之间存在较大的差距。水资源合理利用的重点在于，大力发展新农村建设，加快农村城市化进程，促进城市居民的生活方式向节水方向转变。

5.3.5 体现水的国内和国外贸易

河北省 2007 年经济体现水三尺度投入产出分析中，将河北省的体现水贸易分为国内和国外贸易，分别用国内调入、调出量和国外进口、出口量来描述。

(1) 体现水国内调入和国外进口

图 5.6 列出了河北省经济 2007 年 42 个部门的调入和进口体现水量的比较图。部门 1(农林牧渔业)和部门 4(金属矿采选业)成为进口体现水资源量最大的两个产业部门，它们的进口量分别为 6.72E+08 m^3 和 5.81E+08 m^3，分别占河北省进口总量的 45.64%和 39.45%。调入体现水资源量最大的三个产业部门依次为部门 1(农林牧渔业)、部门 6(食品制造及烟草加工业)和部门 12(化学工业)，它们的调入量分别占调入总量的 19.76%、9.73%和 7.24%。

可以看出，河北省的国外和国内贸易进口体现水资源结构不同，国外贸易的主要来源除了农业产品的进口外，还有金属矿采选产品的进口。金属矿采选业通过国外贸易进口的体现水资源所占比重较大。这说明作为金属冶炼加工制造业原料的主要来源之一，河北省仍然需要大量的国外进口优质金属矿原材料用于高质量的冶金产品加工。金属冶炼业在 2007 年仍然是河北省经济发展的主导产业，且在国民经济和社会发展中占有举足轻重的地位。

国内贸易调入的体现水主要来源于农产品、食品和部分化学工业产品。从体现水资源国外贸易进口和国内贸易调入总量的对比来看，两种体现水资源的贸易量差异很大。国内调入量约是国外进口量的 22 倍。42 个部门中，有 41 个部门的调入量大于进口量，约占总部门数的 97.6%，只有金属矿采选业的国外进口量大于国内调入，有 9 个部门甚至完全没有体现水的进口贸易。这说明河北省的体现水资源更多的是依靠国内调入。由于世界平均体现水强度要低于中国的平均水平，河北省未来可以考虑采用国外进口来代替国内调入的方式减少水资源的使用。

从产业的角度来看，河北省经济体现水的国外出口绝大多数来源于第一产业和第二产业，而北京经济的体现水国外出口则主要来源于第二产业和第三产业。河北省经济的第一、第二和第三产业调入和进口体现水总量所占比例分别为 20.9%、68.0%和 11.1%。而北京经济则分别为 7.5%、63.3%、29.2%。河北省经济第一产业进口水量所占比例明显高于北京经济，第二产业则与北京经济表现相当，而第三产业则远小于北京经济。由此可以看出，河北省高度依赖第一产业和第二产业体现在贸易上的水资源。而北京经济同样对第二产业的依赖性较强，但是对第一产业的依赖性较弱。

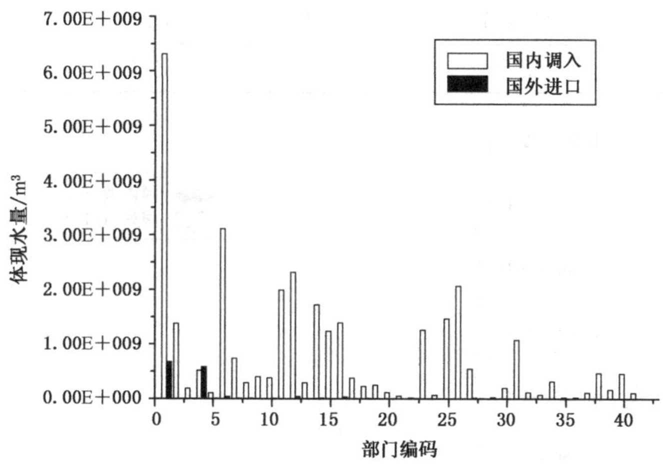

图 5.6　河北省经济 2007 年国内调入和国外进口体现水比较

(2) 体现水国内调出和国外出口

图 5.7 给出了河北省经济 2007 年 42 个部门的国内调出和国外出口体现水情况。总体来看，国外出口量远大于国内调出量，约为国内调出量的 18 倍。42 个部门中，有 41 个部门的国外出口量大于国内调入，约占总部门数的 97.6%，只有部门 26(建筑业)的国内调出量大于国外出口，其数值为 2.99E+07 m^3，而出口量为 0 m^3。42 个部门中有 10 个部门完全没有体现水的国内调出贸易，还有 3 个部门完全没有体现水的国外出口贸易。这说明河北省的体现水资源更多用于国外出口。国内调出量最大的两个部门是部门 12(化学工业)和部门 14(金属冶炼及压延加工业)，分别为 3.12E+08 m^3 和 3.01E+08 m^3，其余部门的国内调出量都很少。国外出口量排名前三的部门依次是部门 1(农林牧渔业)、部门 6(食品制造及烟草加工业)和部门 14(金属冶炼及压延加工业)，量值依次为 1.31E+10 m^3、5.71E+09 m^3 和 4.27E+09 m^3，分别占出口总量的 37.4%、16.3%和 12.2%。

从产业分类来看，国内调出和国外出口体现水的贡献率如表5.3所示。从表中可以看出，河北省第一产业在调出和出口总量的贡献率明显高于北京经济，第二产业的贡献率低于北京经济超过20个百分点，而第三产业则高于北京经济。

表5.3 调出和出口体现水贡献率

经济体	河北省调出	河北省出口	河北省总量	北京市总量
第一产业	7.6%	37.3%	12.3%	4.9%
第二产业	87.4%	55.2%	52.4%	73.8%
第三产业	5.0%	7.4%	35.2%	21.3%

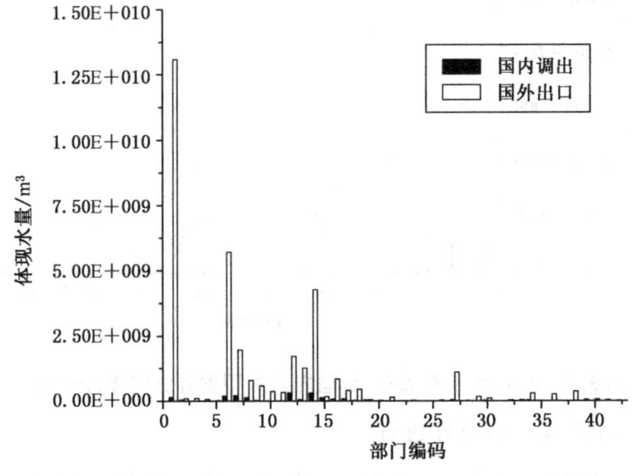

图5.7 河北省经济2007年国内调出和国外出口体现水比较

5.3.6 贸易用水不平衡

图5.8为河北省经济2007年42个部门的贸易平衡体现水分布情况。从图5.8中可以看出，体现在42个经济部门的体现水贸易是不平衡的。河北省作为一个净出口经济体，具体体现在商品交易上的体现水量高达704.3亿 m^3，在商品流通过程中的净出口水量达到了35.8亿 m^3。而北京市则是净进口经济体，具体体现在商品交易上的体现水量高达1 034.5亿 m^3，在商品流通过程中的净进口水量则达到了100亿 m^3，远高于河北省的净出口体现水量。这说明，北京市经济体现水的使用除了依赖河北省外，还需要其他省份和国外的供应。

河北省国内调入量接近国内调出量的16倍。所有42个部门的调入体现水量均大于调出量。净调入量排名前五位的部门依次是部门 1(农林牧渔业)、部门 6(食品制造及烟草加工业)、部门 26(建筑业)、部门 12(化学工业)和部门 11(石油加工、炼焦及核燃料加工业),其量值分别为 6.17E+09 m^3、2.91E+09 m^3、2.03E+09 m^3、2.00E+09 m^3 和 1.98E+09 m^3。

河北省国外出口量是进口量的 23.8 倍。42 个部门中有 39 个部门的出口量大于进口量,占总部门数的 93%。只有 3 个部门的出口量小于进口量,它们分别是部门 4(金属矿采选业)、部门 22(废品废料)和部门 26(建筑业),净进口量只有部门 4 相对比较突出,其值分别为 5.18E+08 m^3,而部门 22 和部门 26 则非常少,分别只有 4.27E+06 m^3 和 2.03E+06 m^3。净出口量排名前三的部门依次是部门 1(农林牧渔业)、部门 6(食品制造及烟草加工业)和部门 14(金属冶炼及压延加工业),其量值分别为 1.24E+10 m^3、5.66E+09 m^3 和 4.25E+09 m^3。

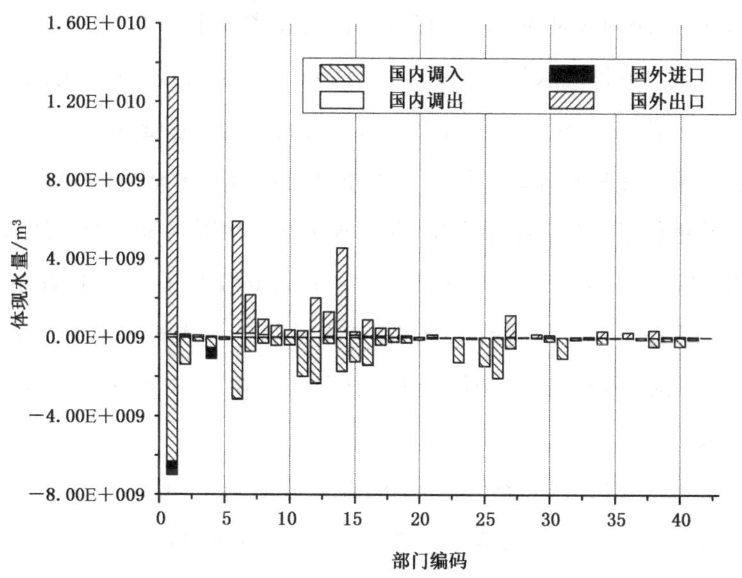

图 5.8　42 个部门的贸易平衡体现水分布情况

5.3.7　水平衡

根据三尺度投入产出分析方法,当地最终需求、国内调出、国外出口的体现水量与投入到河北省经济系统中的当地取水、国内调入和国外进口的体现水量平衡关系如图 5.9 所示。

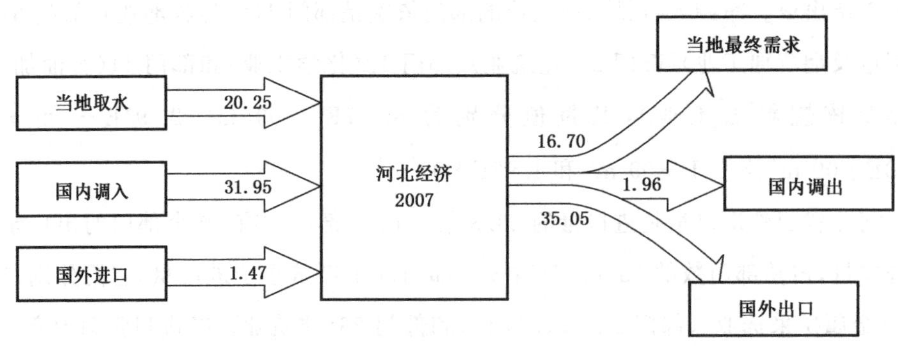

图 5.9　2007 年与河北经济相关的水流量(单位:$m^3/(10^4 CNY)$)

由图 5.9 可知,河北省当地取水量是 202.5 亿 m^3,明显高于当地水最终需求量(167.0 亿 m^3)。体现水的国外进口量只有 14.7 亿 m^3,远低于国内调入量和当地取水量。体现水的国内调入量为 319.5 亿 m^3,远高于当地取水量。河北省作为国内贸易的净调入区,净调入量为 299.9 亿 m^3,占河北省取水总量的 55.9%。同时,国内调出和国外出口的体现水量分别为 19.6 亿 m^3 和 350.5 亿 m^3。河北省作为国外贸易的净出口区,净出口量为 335.8 亿 m^3,占河北省用水总量的 62.5%。

刘思远等采用虚拟水理论和投入产出模型相结合的方法对河北省虚拟水的国内和国外贸易进行了分析。结果发现,河北省是虚拟水国内贸易的净调入区和国外贸易的净出口区,净出口虚拟水量为 105.21 亿 m^3,几乎是河北省用水总量的 52.1%。虚拟水净出口量最高的三个部门依次是部门 1(农林牧渔业)、部门 6(食品制造及烟草加工业)和部门 14(金属冶炼及压延加工业)。本章的分析结论恰与此文献结论相一致。

以上分析可以看出,河北省巨大的用水需求主要通过国内调入和当地取水来满足,国内调入提供 59.5%,当地取水提供 37.7%,国外进口仅提供 2.7%。而北京市的用水需求主要由国内调入和国外进口满足,国内进口提供 60.1%,国外进口提供 13.9%。由此可见,对于河北省和北京市当地有限的淡水资源来说,减少直接耗水量、节约用水和提高水资源利用率都将对未来河北省和北京市水资源的合理使用起到关键作用。然而,与当地直接用水相比,在贸易流动中体现出的间接用水则显得更为重要,因此,体现在贸易上的水资源应该得到更多的关注。在《京津冀协同发展水利专项规划》已经明确的 2020 年和 2030 年水利建设目标与控制性指标需坚持的若干基本原则中，主要是针对直接用水所采取的相关措施，而并未把体现在贸易上的间接水资源利用措施列为其中之一。这很可能会影响到三地用水方案、水资源合理配置和节水政策制定的实施效果。目前亟需将京津冀三地作为一个有机整体，统筹开展水资源贸易问题的剖析，协同制订水资源安全保障方案，整体解决区域体现水贸易引发的水资源安全问题。

5.4　小结

本章以我国河北省为例，结合体现水理论和系统投入产出分析方法对区域经济体现水资源使用情况进行了多尺度的系统核算和分析。详细描述了区域经济体现水资源在区域尺度、国家尺度和全球尺度背景下的用水情况，并与北京经济进行了系统的比较与分析，由此得到以下结论：

(1) 河北省的第一产业和第二产业需要大量的体现水进口资源，当地直接用水远不能满足两个产业的用水需求。第一产业用水量在用水总量中占据较大比重，农业节水将是节水的重点和关键，因地制宜地推广高效农业灌溉节水技术，加强农业节水措施，将是未来节水的重要方向；第二产业国内调入和国外出口的体现水量都很大，且所占比重相当，这说明河北省 2007 年的工业经济依然处于高速发展状态；

(2) 河北省用水效率处于中国平均水平，与北京相比还有较大的差距，农业用水、工业用水都是河北省制定节水政策应重点考虑的对象；

(3) 河北省经济与北京经济体现水最终使用结构组成存在较大的差异，河北省扮演着供给方的角色，而北京市则扮演着需求方的角色。从二者的地理位置以及一体化建设的关系来看，河北省成为北京市极为重要的体现水国内进口区域经济体，在京津冀一体化建设中发挥重要的作用。除此之外，北京市经济体现水的需求还需要其他省份和国外的供应。

根据水资源在商品贸易流通中体现出的特点以及核算分析结果可以看出，区域经济的国内、外体现水贸易流量在水资源的使用过程中起到了关键的作用。区域经济体现水资源详细核算与分析的结果对于国内与全球经济重新规划和合理配置水资源将具有重要的参考价值。

参考文献

[1] Liu S Y. A three-scale input-output analysis of water use in a regional economy：Hebei province in China[J]. Journal of Cleaner Production，2017(156)：962-974.

第 6 章

水资源使用的多尺度投入产出分析——以河北秦皇岛为例

沿海城市经济关系区域经济发展的大局，更在国家经济发展战略中占有举足轻重的地位。掌握其水资源的详细使用情况，对于有效实施沿海地区经济率先发展战略至关重要。本章将以河北省秦皇岛市为例，通过多尺度投入产出分析方法，分析沿海城市的用水量，并对沿海城市经济和陆域城市经济的用水量进行比较。从全球、国家、地区和城市规模的角度，对秦皇岛市城市水资源利用分配和节水政策进行了全方位的研究。该多尺度分析网络从全球、国家和地区规模角度，详细勾勒出了秦皇岛市水资源供需链，为区域发展和城市一体化背景下水资源的合理配置奠定了坚实基础。

6.1　概述

沿海地区经济是世界经济的重要增长极和繁荣地，其与陆域城市或地区经济的区域协调对国民经济发展至关重要。优先发展沿海地区经济是世界各国工业化和现代化进程中普遍采用的发展战略，但却导致该地区水资源短缺问题愈加严重，成为制约沿海地区经济社会可持续发展的主要瓶颈。工业化和城市化进一步加速加剧了人们对该类地区水资源短缺问题的严重关切。对其进行详细的水资源系统核算对于沿海城市经济充分利用区域优势，优化调度，合理配置和利用水资源具有重要意义。

河北省秦皇岛市是 1984 年经国务院确定的首批全国 14 个沿海开放城市之一，位于河北省东北部，南临渤海，北依燕山，东接辽宁省葫芦岛市，西近京津，位于最具发展潜力的环渤海经济圈中心地带，是京津冀协同发展与东北老重工业基地振兴两大国家发展战略的交汇点，是渤海湾中条件最好的能源运输港之一，同时也是水资源匮乏的城市之一。随着经济的迅速发展，秦皇岛市已面临水资源日益紧张的严峻形势，水资源短缺问题已成为影响秦皇岛城市经济发展和社会进步的重要因素。近年来，国家制定了“京津冀区域经济一体化”国家战略，在此大环境影响下秦皇岛水资源将经受更为严峻的考验。因此，对秦皇岛水资源进行准确核算，因地制宜地调整工、农业用水结构，优化水资源配置，确定城市规模和经济结构，使城市建设和发展做到量水而行，对于促进区域经济一体化的进程、建立水资源保护与利用的跨区域协调机制、缓解水资源供需矛盾、实现水资源的可持续发展具有重要意义。

目前的研究主要针对某些典型城市水资源利用开展单尺度投入产出分析，采用的方法核算精度较低，即使大多数研究都是基于改进的投入产出模型进行核算与分析的，也是如此。因此，本章采用了多尺度系统投入产出分析方法，对沿海城市——河北省秦皇岛市的用水进行了综合分析，并将沿海城市和内陆城市经济进行了比较。考虑各经济体之间在不同尺度上进行的大规模产品交流，在全球、国家、区域和城市经济尺度角度对水资源供需平衡进行了分析。这一分析结果将充分支持秦皇岛市水资源调配及节水政策的制定和实施，特别是在环京津、环渤海发展格局中具有重要的战略意义。

6.2 方法及数据来源

本书建立体现水的多尺度投入产出分析模型，利用模型对体现水资源的使用进行系统核算与分析。具体使用方法与相关数据来源详细情况如下。

6.2.1 体现水资源使用的四尺度投入产出算法

考虑系统内、外的同类产品具有不同的体现生态要素，基于经济投入产出表建立体现水多尺度系统投入产出表的基本结构，如表 6.1 所示。为简化计算过程，将中国所有区域总归类为国家尺度，将世界所有国家总归类为世界尺度。表 6.1 中 $z_{i,j}^{L}$ 表示从系统内部门 i 到系统内部门 j 的中间投入经济流，$z_{i,j}^{R}$ 表示从区域经济部门 i 到系统内部门 j 的中间投入经济流，$z_{i,j}^{D}$ 表示从国家经济部门 i 到系统内部门 j 的中间投入经济流，$z_{i,j}^{F}$ 表示从世界经济部门 i 到系统内部门 j 的中间投入经济流。

c_i^L、c_i^R、c_i^D 和 c_i^F 分别表示系统内、区域经济、国家经济和世界经济部门 i 提供给系统内最终需求的经济流。out_i^{LR}、out_i^{LD} 和 out_i^{LF} 分别表示从系统内部门 i 输出到区域经济、国家经济和世界经济的经济流，x_i 表示系统内部门 i 的总产出经济流。$w_{k,i}$ 表示系统内部门 i 所消耗的第 k 种水资源量。

表 6.1　体现水多尺度投入产出表的基本结构

投入		产出					
		中间使用	最终需求	区域调出	国内调出	国外出口	总量
		部门 1…部门 n	部门 1…部门 n	部门 1…部门 n	部门 1…部门 n	部门 1…部门 n	
本地取水	部门 1…部门 n	$z_{i,j}^L$	c_i^L	out_i^{LR}	out_i^{LD}	out_i^{LF}	x_i
区域调入	部门 1…部门 n	$z_{i,j}^R$	c_i^R				
国内调入	部门 1…部门 n	$z_{i,j}^D$	c_i^D				
国外进口	部门 1…部门 n	$z_{i,j}^F$	c_i^F				
生态投入	水	$w_{k,i}$					

系统内部门 i 总经济产出 x_i 在经济流中遵循以下平衡关系：

$$x_i = \sum_{j=1}^{n} z_{i,j}^L + c_i^L + out_i^{LR} + out_i^{LD} + out_i^{LF} \tag{6-1}$$

其中，系统内最终使用的经济流 $d_i^L = c_i^L + out_i^{LR} + out_i^{LD} + out_i^{LF}$。参数 $\varepsilon_{k,j}^L$、$\varepsilon_{k,j}^R$、$\varepsilon_{k,j}^D$ 和 $\varepsilon_{k,j}^F$ 分别表示城市经济、区域经济、国家经济和世界经济部门 j 所产出商品的第 k 种水资源体现水强度；in_j^{LR}、in_j^{LD} 和 in_j^{LF} 分别表示从区域经济、国家经济和世界经济部门 j 流入、调入和进口到系统内部门 i 的经济流。

本章在考虑流入、调入和进口经济流时，将不对中间投入和最终使用部分做具体划分。由此得到部门 i 的体现水资源平衡关系方程为：

$$\begin{aligned} & w_{k,i} + \sum_{j=1}^{n} \varepsilon_{k,j}^L z_{j,i}^L + \sum_{j=1}^{n} \varepsilon_{k,j}^R in_j^{LR} + \sum_{j=1}^{n} \varepsilon_{k,j}^D in_j^{LD} + \sum_{j=1}^{n} \varepsilon_{k,j}^F in_j^{LF} = \\ & \varepsilon_{k,i}^L \left(\sum_{j=1}^{n} z_{i,j}^L + c_i^L + out_i^{LR} + out_i^{LD} + out_i^{LF} \right) \end{aligned} \tag{6-2}$$

将式(6-1)代入式(6-2)，并将上述方程进行扩展，得到包含 n 个部门并具有 m 种水资源的生态经济系统平衡方程：

$$\boldsymbol{W} + \boldsymbol{\varepsilon}^L \boldsymbol{Z}^L + \boldsymbol{\varepsilon}^R in^{LR} + \boldsymbol{\varepsilon}^D in^{LD} + \boldsymbol{\varepsilon}^F in^{LF} = \boldsymbol{\varepsilon}^L \boldsymbol{X} \tag{6-3}$$

对式(6-3)进一步整理可得

$$\boldsymbol{\varepsilon}^{L}=(\boldsymbol{W}+\boldsymbol{\varepsilon}^{R}in^{LR}+\boldsymbol{\varepsilon}^{D}in^{LD}+\boldsymbol{\varepsilon}^{F}in^{LF})(\boldsymbol{X}-\boldsymbol{Z}^{L})-1 \tag{6-4}$$

其中$\boldsymbol{W}=[w_{k,i}]_{m\times n}$，$\boldsymbol{\varepsilon}^{L}=[\varepsilon_{k,i}^{L}]_{m\times n}$，$\boldsymbol{\varepsilon}^{R}=[\varepsilon_{k,i}^{R}]_{m\times n}$，$\boldsymbol{\varepsilon}^{D}=[\varepsilon_{k,i}^{D}]_{m\times n}$，$\boldsymbol{\varepsilon}^{F}=[\varepsilon_{k,i}^{F}]_{m\times n}$，$\boldsymbol{Z}^{L}=[z_{i,j}^{L}]_{n\times n}$，$in^{LR}=[in_{i,j}^{LR}]_{n\times n}$，$in^{LD}=[in_{i,j}^{LD}]_{n\times n}$，$in^{LF}=[in_{i,j}^{LF}]_{n\times n}$，$\boldsymbol{X}=[x_{i,j}]_{n\times n}$。当$i=j$时，$in_{i,j}^{LR}=in_{j}^{LR}$，$in_{i,j}^{LD}=in_{j}^{LD}$，$in_{i,j}^{LF}=in_{j}^{LF}$，$x_{i,j}=x_{i}$；当$i\neq j$时，$in_{i,j}^{LR}=0$，$in_{i,j}^{LD}=0$，$in_{i,j}^{LF}=0$，$x_{i,j}=0$。

通过式(6-4)，可以计算出产出产品的体现水强度ε。它适用于系统投入产出法中的所有经济流，包括最终需求和中间使用的经济活动。它不仅能表示在生产过程中单位货币所消耗的直接和间接水资源量，而且能够体现产品的货币价值和水资源使用之间的内在关系。

6.2.2 数据来源

用于世界、国家、区域和城市多尺度投入产出分析的详细使用数据如下。

(1) 世界尺度数据

世界尺度数据使用了世界经济 2012 年 189 个国家 26 个部门的平均体现水强度。为了保证和区域尺度分 42 个部门(见附表 8)的数据的一致性，本书通过所有国家的分部门总产值加权平均的方法将 26 个部门的体现水强度数据转换为 42 个部门(见附表 9)。

(2) 国家尺度数据

国家尺度数据使用了世界经济 2012 年的体现水强度和中国 2012 年投入产出表、中国 2012 年直接用水数据(2013 年中国统计年鉴、2012 年中国水资源公报、城镇居民生活用水量标准 GB/T 50331—2002)进行计算(见附表 10)。

(3) 区域尺度数据

利用体现水流的三尺度投入产出分析模型，使用经过转换的 42 个部门的世界尺度和计算得到的国家尺度体现水强度数据库，计算出河北省经济 2012 年 42 个部门的平均体现水强度(见附表 11)。

(4) 城市尺度数据

城市尺度数据包括经济投入产出表和直接外部水资源开采量分布表。经济投入产出表使用当前最详细的秦皇岛市 2012 年 42 个部门的投入产出表。秦皇岛市

2012 年直接外部水资源开采数据来源于秦皇岛市水资源科。本书将工业生产用水按总产值分摊到各个工业部门(部门 2 到部门 27),将生活消耗居民用水分配到部门 27,生活消耗建筑业用水放置在部门 28,将生活消耗服务业用水按总产值分摊到服务业部门(部门 29 到部门 42)。假设来自农业生产的淡水被耕种者直接开采用于农田灌溉,而用于工业生产、生活消耗和生态保护的淡水开采后需进行预处理才能使用。

6.2.3　案例介绍

秦皇岛市在改革开放 40 多年来,经济保持持续快速发展的良好势头,国民经济综合实力稳步增强。随着环渤海都市圈紧密加强,秦皇岛一方面拥有北京、天津等地现有的庞大市场需求,另一方面是其独一无二的自然环境和得天独厚的交通区位优势,经济一体化和社会发展联动趋势使这一互动效应产生巨大经济效益的潜力将得到深度激发。水资源作为最为重要的能源之一,是影响社会经济发展的重要因素,秦皇岛年人均水资源量却只是全国平均水平的约四分之一(世界平均水平的十六分之一),再生水和海水的利用均处于较低水平,水资源相对匮乏。此外,由于地下水严重超采,地下水资源恶化,《秦皇岛市城市总体规划(2001—2020)》中明确“规划年份内城市不再开采地下水”“地下水不作为城市供水水源”,秦皇岛供水采用“一路双线、东西互济、三库联调、四区双水”的基本框架,且近年来,全市三大水库工程蓄水严重不足、水质污染情况严重、供水能力有所下降,引青济秦供水管线供水能力严重不足,资源型、工程型和水质型缺水问题都存在。再者,随着秦皇岛市经济总量平稳较快地增长、人口数量增加、人民生活水平不断提高,用水总量急剧上升,水资源消耗量日益增加,供需矛盾日益突出,根据秦皇岛市水资源规划,2020 年新鲜水资源需求量大于新鲜水资源可供量,由此可见,亟须获得秦皇岛市用水情况的详细数据分析结果,来制定行之有效的节水方案和用水政策。

秦皇岛市 2012 年直接用水总量为 8.88 亿 m^3,其中,农业用水量为 5.97 亿 m^3,工业用水量为 1.41 亿 m^3,居民生活用水量为 1.26 亿 m^3,生态环境用水量为 0.24 亿 m^3,从以上直接用水数据来看,农业用水占主导地位,工业用水并不突出,工业用水情况比较符合其“三二一”的产业结构模式,但农业用水量却与其产生矛盾,这说明直接用水数据并不能准确反映其用水状况,因此考虑间接用水数据对详细掌

握秦皇岛水资源利用和分配情况、缓解水资源短缺问题具有重要意义。

6.3 结果与分析

基于上述研究方法和数据，对秦皇岛市2012年经济体现水进行多尺度投入产出分析和系统核算，详细分析过程如下。

6.3.1 体现水强度

根据表6.1及公式(6-4)计算得到秦皇岛市2012年42个部门的体现水强度，并建立数据库(见附表12)。该数据库分别由农业生产、工业生产、生活消耗和生态保护四部分体现水强度构成。图6.1表示的是秦皇岛市2012年42个部门四种水资源类型的体现水强度图形化表示。由图可以看出，部门27(水的生产和供应)的体现水强度远高于其他部门，该部门开采了绝大多数的生活用水。排名第二的部门1(农林牧渔产品和服务)开采了大量的农业用水，比例高达97.19%，主要是因为该部门需要大量直接开采的水资源用于农田灌溉。排名第三的部门37(水利、环境和公共设施管理)作为生态环境管理的职能部门，体现水开采量大部分来源于生态用水，比例高达79.28%。接下来排名四到六位的三个部门依次是部门6(食品和烟草)、部门7(纺织品)和部门8(纺织服装鞋帽皮革羽绒及其制品)。它们所表现的体现水强度结构都是农业用水开采量占大部分比例(比例依次是89.95%、75.16%和71.46%)。

利用多尺度投入产出分析方法，根据秦皇岛市经济2012年体现水流的多尺度投入产出模型得到各产业部门水资源体现水强度数据库，该数据库分别由市内直接取水、省内市外流入、国内省外调入和国外进口四部分体现水强度构成。图6.2是42个部门的体现水强度图形化表示。

从图6.2中可以看出，从市内直接取水来看，排名前五的部门依次为部门27(水的生产和供应)、部门37(水利、环境和公共设施管理)、部门1(农林牧渔产品和服务)、部门6(食品和烟草)和部门31(住宿和餐饮)，所占比例分别为99.57%、87.85%、53.09%、46.75%和52.80%。部门27(水的生产和供应)体现水几乎全部来自当地取水。

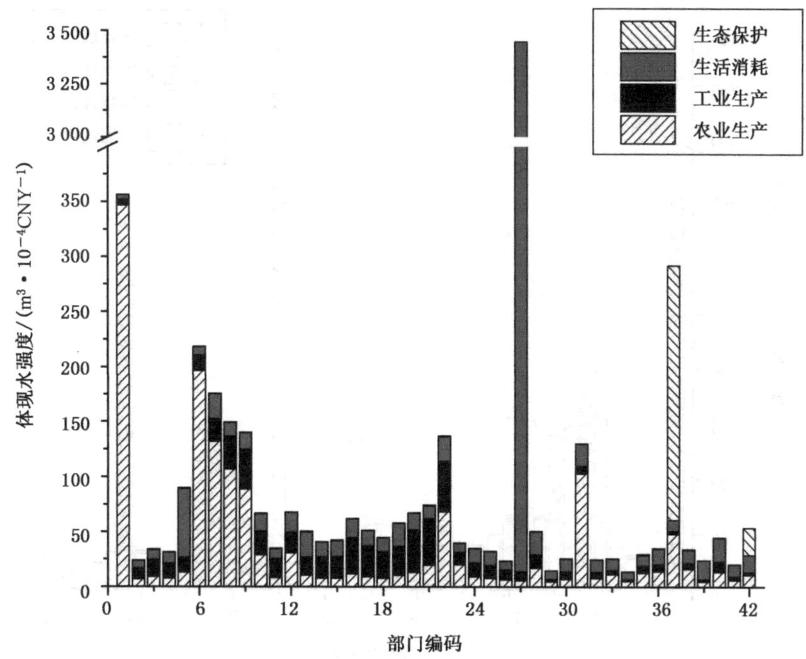

图 6.1　秦皇岛市 2012 年 42 个部门四种类型的体现水强度

从省内市外流入来看，排名前五的部门依次为部门 8(纺织服装鞋帽皮革羽绒及其制品)、部门 22(其他制造产品)、部门 5(非金属矿和其他矿采选产品)、部门 1(农林牧渔产品和服务)和部门 7(纺织品)，省内市外流入在这些部门流入水资源中占比分别为 89.60%、93.36%、97.54%、23.21%和 43.91%。值得注意的是部门 23(废品废料)省内市外流入体现水资源比例为 100%，以及部门 3(石油和天然气开采产品)省内市外流入体现水资源比例为 99.47%。

从国内省外调入来看，排名前五的部门依次为部门 9(木材加工品和家具)、部门 1(农林牧渔产品和服务)、部门 7(纺织品)、部门 6(食品和烟草)和部门 21(仪器仪表)，国内省外调入在这些部门流入水资源中所占比例依次为 54.03%、19.46%、25.69%、15.53%和 38.32%。此外仅仅有三个部门所占比例超 20%，分别为部门 9(木材加工品和家具)、部门 21(仪器仪表)和部门 7(纺织品)，占比分别为 54.03%、38.32%和 25.69%，其余部门均不足。

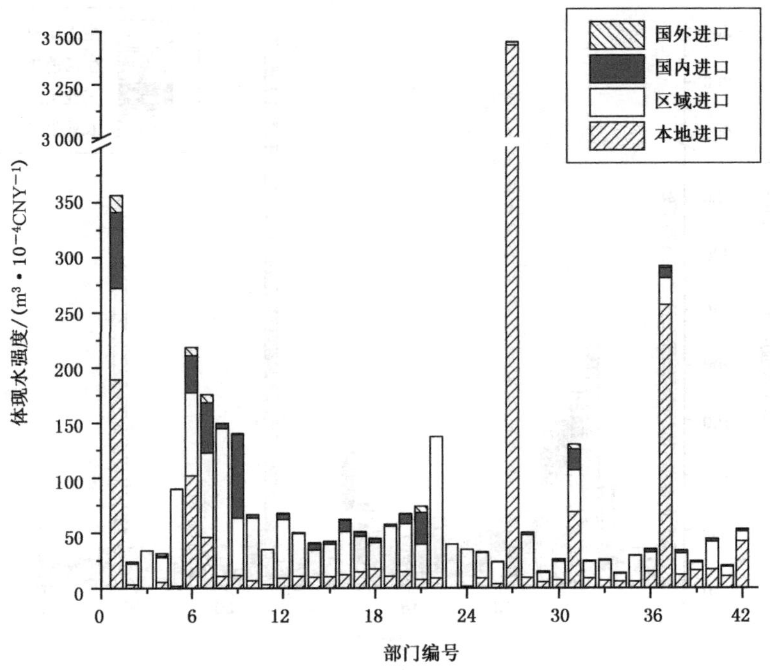

图 6.2　直接取水、省内市外流入、国内省外调入和国外进口 42 个部门的体现水强度

国外进口所有部门的进口比例均不足 10%，其中部门 4(金属矿采选业)具有相对较大的比例。相比市内直接取水、省内市外流入和国内省外调入这三类体现水来源，国外进口的体现水在秦皇岛市的使用强度小得多。这说明秦皇岛市的体现水资源使用，更多的是依靠市内直接供给、省内市外流入和国内省外调入，不依赖于进口。

6.3.2　体现水强度最终需求分析

秦皇岛市 2012 年投入产出表中将最终需求分为农村居民消费、城镇居民消费、政府消费、固定资本形成和存货增加五种类型，其体现水资源最终需求量的图形化表示如图 6.3 所示。图 6.3(a)展示了多尺度分析的数据结果，最终需求体现水资源总量为 2.27E+09 m^3，其中市内直接取水的体现水最终需求量为 8.88E+08 m^3，占最终需求总量的 39.18%；省内市外流入的体现水最终需求量为 1.03E+09 m^3，占最终需求总量的 45.53%；国内省外调入的体现水最终需求量为 2.90E+08 m^3，占最终需求总量的 12.79%；国外进口的体现水资源量占比比较小，为最终需求总量的 2.50%。

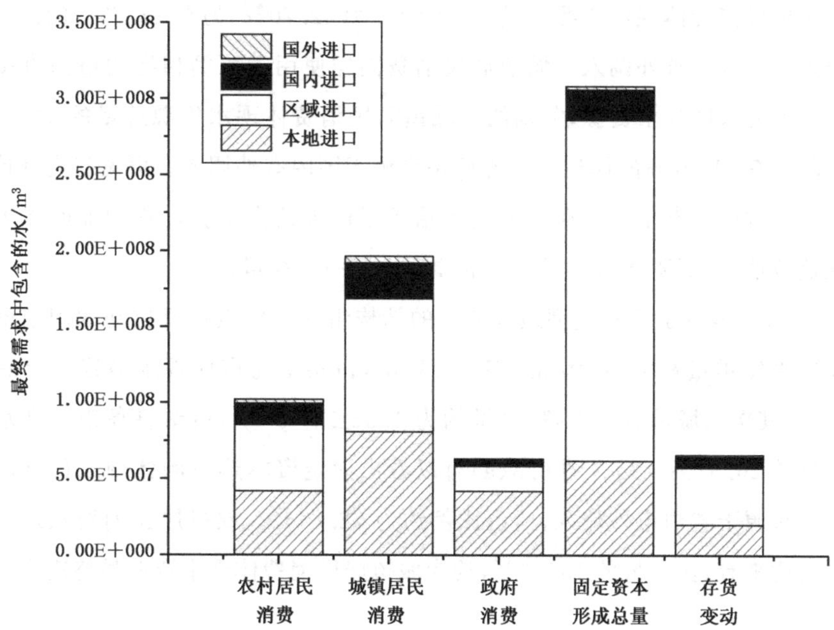

(a) 五种类型最终需求量对比

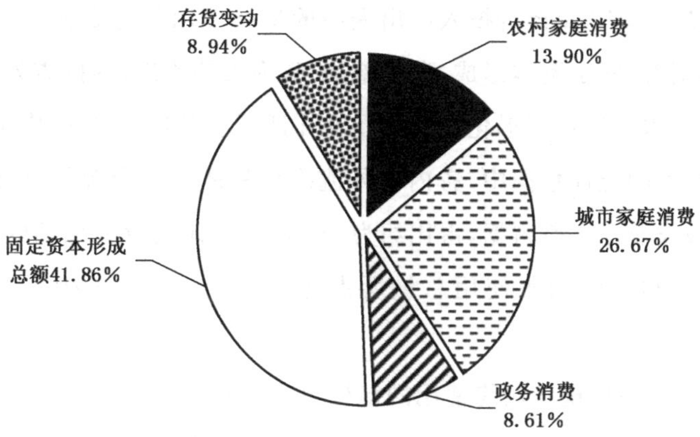

(b) 五种类型最终需求结构组成

图 6.3　秦皇岛市经济 2012 年体现水最终需求

农村居民消费使用市内直接取水和省内市外流入的体现水资源比例相当，分别约占农村居民消费体现水资源总量的 40.94%和 42.70%，另有 13.73%的体现水资源使用来源于国内省外调入。城镇居民消费同样使用了比例相当的市内直接取水和省内市外流入体现水资源，分别约占城镇居民消费体现水资源总量的 41.21%和 44.57%，另有 11.97%的体现水资源使用来源于国内省外调入。可见省内其他城市和国内其他省份对秦皇岛市居民的用水给予了巨大的支持。存货增加的体现水并未出现负数情况，证明并未使用过去的体现水资源库存量。

图 6.3(b)展示了五种类型最终需求的结构组成。代表投资拉动的固定资本形成的体现水使用量最大，约为 3.08E+08 m^3，占秦皇岛市体现水最终需求总量的 41.86%。其次是城镇居民消费，总量约为 1.96E+08 m^3，占秦皇岛市体现水最终需求总量的 26.67%。结合图 6.3(a)可以看出固定资本形成的体现水最终需求量绝大多数来源于省内市外流入，所占比例约为 72.84%。农村居民消费从最终需求的总体占比来看，占总量的 13.90%，约为城镇居民消费体现水资源最终需求总量的 1/2。

6.3.3 体现水最终使用分析

秦皇岛市 2012 年经济投入产出表中的最终使用分为农村居民消费、城镇居民消费、政府消费、固定资本形成、存货增加、省内市外流出、国内省外调出和国外出口八种，其体现水使用量图形化表示如图 6.4 所示。从图 6.4(a)中可以看出，在八种直接用水分类的统计数据中，省内市外流出贸易体现水资源最终使用总量最大，其中大部分被农业用水所占据，占比约为 59.13%。代表投资拉动的固定资本形成中的农业、工业和生活用水使用总量所占比例相当，分别约为 31.00%、33.49%和 34.61%。

从图 6.4(b)体现水最终使用的结构组成来看，省内市外流出量所占比例最大，约为 41.34%。其次是国内省外调出，占体现水最终使用总量的 24.96%。而固定资本形成的体现水资源使用量占最终使用总量的 13.60%。

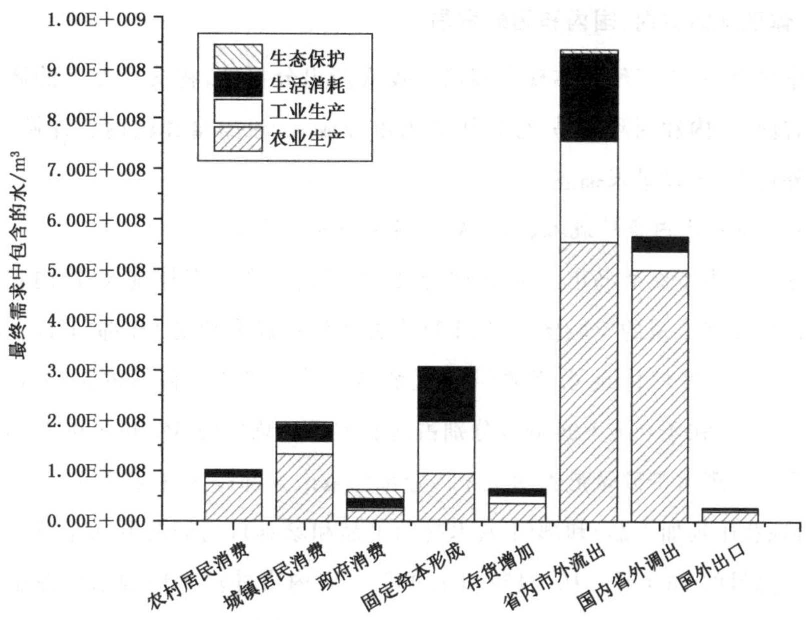

(a) 直接用水分四种类型的体现水最终使用

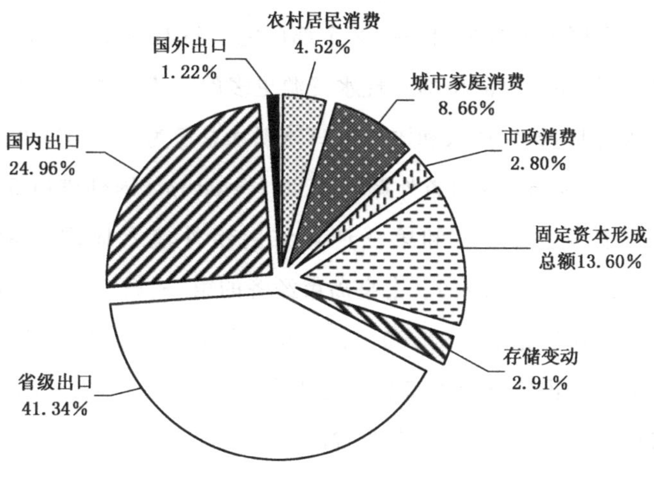

(b) 体现水最终使用结构组成

图 6.4 体现水最终使用类别组成

6.3.4 体现水的省内、国内和国外贸易

秦皇岛市2012年经济体现水多尺度投入产出分析中，将秦皇岛市的体现水贸易分为省内、国内和国际贸易，分别用省内市外流入、流出量和国内省外调入、调出量及国外进口、出口量来描述。

(1) 体现水省内市外流入、国内省外调入和国外进口

图6.5列出了秦皇岛市经济2012年42个部门的省内市外流入、国内省外调入和国外进口体现水量的比较图。部门1(农林牧渔产品和服务)和部门4(金属矿采选业)成为国外进口体现水资源量最大的两个产业部门，它们的进口量分别为4.82E+07 m^3 和4.05E+06 m^3，分别占河北省进口总量的84.95%和7.14%。国内省外调入体现水资源量最大的三个产业部门依次为部门1(农林牧渔业)、部门14(金属冶炼和压延加工品)和部门9(木材加工品和家具)，它们的调入量分别占国内省外调入总量的76.09%、10.24%和2.90%。省内市外流入体现水资源量最大的三个产业部门依次为部门1(农林牧渔业)、部门28(建筑业)和部门6(食品和烟草)，它们的流入量分别占省内市外流入总量的22.75%、10.99%和8.92%。

除了部门9(木材加工品和家具)之外的41个部门省内市外流入量均大于国内省外调入量和国外进口量，且有22个部门完全没有体现水的国内省外调入和国外进口贸易，这说明秦皇岛市的体现水资源更多的是依靠省内市外流入。秦皇岛市省内市外流入、国内省外调入和国外进口体现水总量为1.38 E+09 m^3，其中省内市外流入1.03 E+09 m^3、国内省外调入2.90 E+08 m^3、国外进口5.67 E+07 m^3。秦皇岛市经济的第一、第二和第三产业省内市外流入体现水量所占比例分别为22.75%、71.38%和5.87%。秦皇岛市经济的第一、第二和第三产业国内省外调入体现水量所占比例分别为76.09%、21.93%和1.98%。秦皇岛市经济的第一、第二和第三产业国外进口体现水量所占比例分别为84.95%、14.29%和0.76%。秦皇岛市经济的第一、第二和第三产业省内市外流入、国内省外调入和国外进口体现水总量所占比例分别为36.53%、58.63%和4.84%。

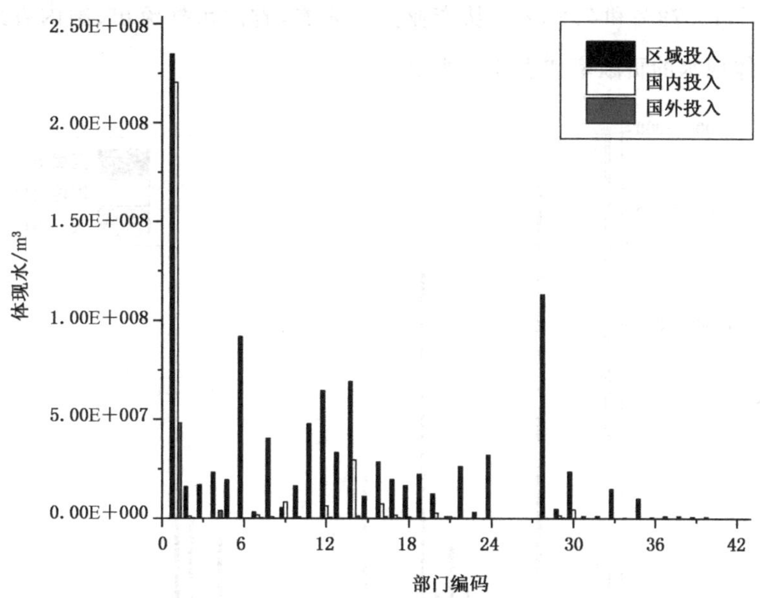

图 6.5　秦皇岛市经济 2012 年省内市外流入、国内调入和国外进口体现水比较

(2) 体现水省内市外流出、国内省外调出和国外出口

图 6.6 给出了秦皇岛市经济 2012 年 42 个部门的省内市外流出、国内省外调出和国外出口体现水情况。总体来看,省内市外流出量远大于国内省外调出量、国外出口量,三者分别占比 61.23%、36.97%和 1.80%。42 个部门中,除了部门 1(农林牧渔产品和服务)和部门 7(纺织品)国内省外调出量和国外出口量大于省内市外流出量外,其余部门国内省外调出量和国外出口量均小于省内市外流出量。另外,有 8 个部门完全没有体现水的省内市外调出贸易,有 24 个部门完全没有体现水的国内省外调出贸易,还有 24 个部门完全没有体现水的国外出口贸易。省内市外调出量最大的三个部门是部门 6(食品和烟草)、部门 14(金属冶炼和压延加工品)和部门 31(住宿和餐饮),量值依次为 4.33E+08 m^3、1.15E+08 m^3 和 7.00E+07 m^3。国内省外调出量最大的三个部门是部门 1(农林牧渔产品和服务)、部门 14(金属冶炼及压延加工业)和部门 18(交通运输设备),分别为 4.95E+08 m^3、2.76E+07 m^3 和 1.69E+07 m^3,其余部门的国内调出量都很少。国外出口量排名前三的部门依次是部门 1(农林牧渔业)、部门 18(交通运输设备)和部门 14(金属冶炼及压延加工业),量值依次为 1.77E+07 m^3、2.96E+06 m^3 和 1.99E+06 m^3,分别占出口总量

的 64.30%、10.73%和 7.23%。从产业分类来看，省内市外流出、国内省外调出和国外出口体现水的贡献率如表 6.2 所示。

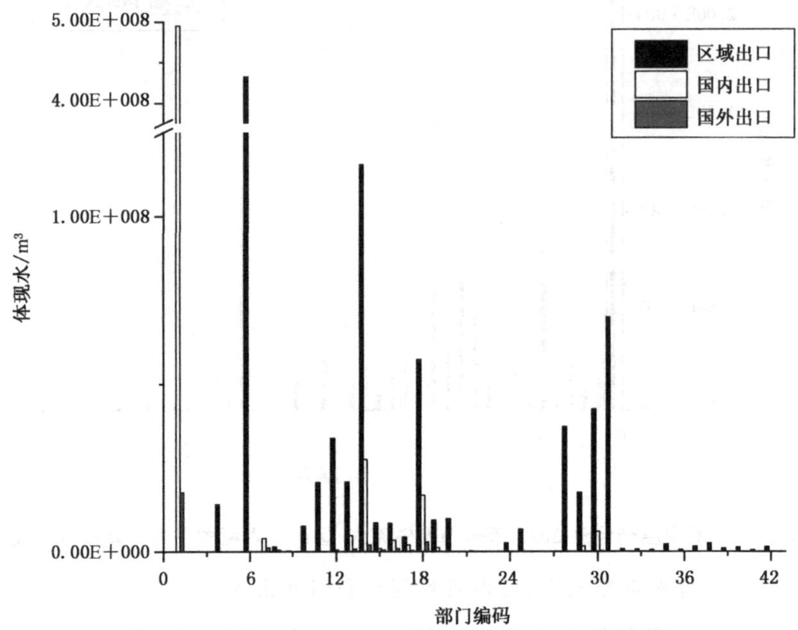

图 6.6　秦皇岛市经济 2012 年省内市外流出、国内调出和国外出口体现水比较

表 6.2　省内流出、国内调出和国外出口体现水贡献率

经济体	省级出口	国内出口	国外出口	出口总额
第一产业	0	87.55%	64.30%	33.52%
第二产业	84.60%	11.05%	34.42%	56.51%
第三产业	15.40%	1.40%	1.28%	9.97%

6.3.5　贸易用水不平衡

图 6.7 为秦皇岛市经济 2012 年 42 个部门的贸易平衡体现水分布情况。秦皇岛市是净出口经济体，具体体现为商品交易中的体现水量高达 29.09 亿 m^3，在商品流通过程中的净出口水量则达到了 1.52 亿 m^3。

秦皇岛市省内市外调入量接近省内市外调出量。省内市外净调入量排名前三位的部门依次是部门 1(农林牧渔产品和服务)、部门 28(建筑业)和部门 6(食品和烟草)，其量值分别为 2.35E+08 m^3、1.13E+08 m^3 和 9.20E+07 m^3。省内市外净调出量排名前三位的部门依次是部门 6(食品和烟草)、部门 14(金属冶炼和压延加工品)和部门 31(住宿和餐饮),其量值分别为 4.33E+08 m³、1.15E+08 m³ 和 7.00E+07 m³。

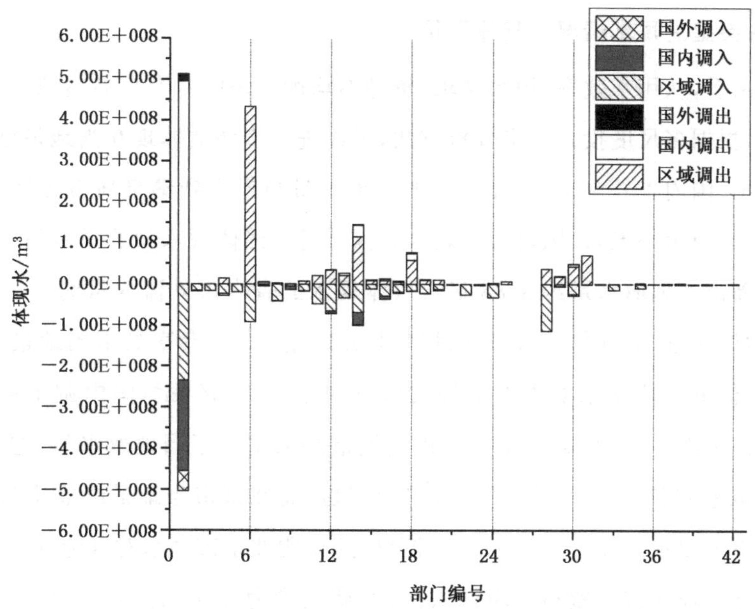

图 6.7　42 个部门的贸易平衡体现水分布情况

秦皇岛市国内省外调出量是国内省外调入量的近 2 倍。42 个部门中有 21 个部门的国内省外调入量与国内省外调出量均为 0。国内省外净调入量排名前三位的部门依次是部门 1(农林牧渔产品和服务)、部门 14(金属冶炼和压延加工品)和部门 9(木材加工品和家具),其量值分别为 2.21E+08 m³、2.97E+07 m³ 和 8.42E+06 m³。国内省外净调出量排名前三位的部门依次是部门 1(农林牧渔产品和服务)、部门 14(金属冶炼和压延加工品)和部门 18(交通运输设备),其量值分别为 4.95E+08 m³、2.76E+07 m³ 和 1.69E+07 m³。

秦皇岛市国外进口量是出口量的近 2 倍。42 个部门中有 21 个部门的出口量与进口量均为 0。净进口量排名前三的是部门 1(农林牧渔产品和服务)、部门 4(金属矿采选产品)和部门 14(金属冶炼和压延加工品),其值分别为 4.82E+07 m³、4.05E+06 m³ 和 1.12 E+06 m³。净出口量排名前三的部门依次是部门 1(农林牧渔产品和服务)、部门 18(交通运输设备)和部门 14(金属冶炼和压延加工品),其量

值分别为1.77E+07 m^3、2.96E+06 m^3 和1.99E+06 m^3。

6.4 讨论与政策建议

6.4.1 对秦皇岛用水情况的整体评价

整体来看，从用水效率、用水需求、贸易不均衡等角度对秦皇岛虚拟水资源进行系统分析，根据多尺度投入产出分析方法，可以进一步评估体现在当地最终需求、省内市外流出、国内省外调出、国外出口的体现水量与投入到秦皇岛市经济系统中的当地取水、省内市外流入、国内省外调入和国外进口的体现水量的平衡关系。

秦皇岛市当地取水量约8.88亿 m^3，体现水的省内市外流入量约为10.32亿立方米，国内调入量2.90亿 m^3，国外进口量0.57亿 m^3。秦皇岛市当地最终需求量约为7.36亿 m^3，体现水的省内市外流出量约为9.37亿 m^3，国内调出量5.66亿 m^3，国外出口量0.28亿 m^3。秦皇岛市当地最终需求小于当地取水量，这说明秦皇岛市当地取水量满足使用，还有余量用于贸易，而北京市当地最终需求量(143.13亿 m^3)是当地取水量(35.30亿 m^3)的四倍，这说明北京市用水对其他区域依赖性较大。秦皇岛市作为省内贸易的净调入区，净调入量为0.95亿 m^3，占秦皇岛市取水总量的4.19%。秦皇岛市作为国内贸易的净调出区，净调出量为2.76亿 m^3，占秦皇岛市用水总量的12.17%。秦皇岛市作为国外贸易的净进口区，净进口量为0.29亿 m^3，占秦皇岛取水总量的1.28%。秦皇岛市用水需求主要通过省内市外调入和当地取水来满足，省内市外调入提供45.52%，当地取水提供39.17%，国内省外调入提供12.79%，国外进口仅提供2.51%。

此外，我们可以发现，省内市外贸易不平衡的情况主要集中在部门6(食品和烟草)、部门1(农林牧渔产品和服务)和部门28(建筑业)，部门6省内市外净调出量为3.41亿 m^3，部门1省内市外净调入量为2.35亿 m^3，部门28省内市外净调入量为0.76亿 m^3；国内贸易不平衡的情况主要由于部门1(农林牧渔产品和服务)，其国内净调出量为2.75亿 m^3，其余部门影响甚微；国外贸易不平衡的情况也主要由部门1(农林牧渔产品和服务)导致，其国内净调入量为0.31亿 m^3，同样其余部门影响甚微。三大产业结构的省内市外贸易不平衡程度由高到低依次为第一产业、第三产业和第二产业，第一产业省内市外净调入量为2.35亿 m^3，第三产业省内市外净调出量为 0.84 亿 m^3，第二产业省内市外净调出量为 0.56 亿 m^3；国内贸易不平衡程度由高到低依次为第一产业、第三产业和第二产业，第一产业国内净调出量为 2.75 亿 m^3，第三产业国内净调出量为 0.02 亿 m^3，第二产业国内净调入量为 0.01 亿 m^3；国外贸易不平衡程度由高到低依次为第一产业、第二产业和第三产业，第一产业国外净调入量为 0.31 亿 m^3，第二产业国外净出口量为 0.01 亿 m^3，第三产业国外贸易基本平衡，净调入量为 0.000 8 亿 m^3。

6.4.2 秦皇岛市经济与不同经济体用水比较

为了对比秦皇岛市经济、北京经济、河北省经济、中国经济和世界经济的用水效率，本研究将 2012 年北京经济 42 部门体现水强度（基于三尺度核算，如图 6.8 所示）、河北省经济（基于三尺度核算）、中国经济（基于两尺度核算）和世界经济（基于世界多区域核算）的平均体现水强度的计算结果，与秦皇岛市经济多尺度核算分析得到的体现水强度进行对比（见表 6.3）。

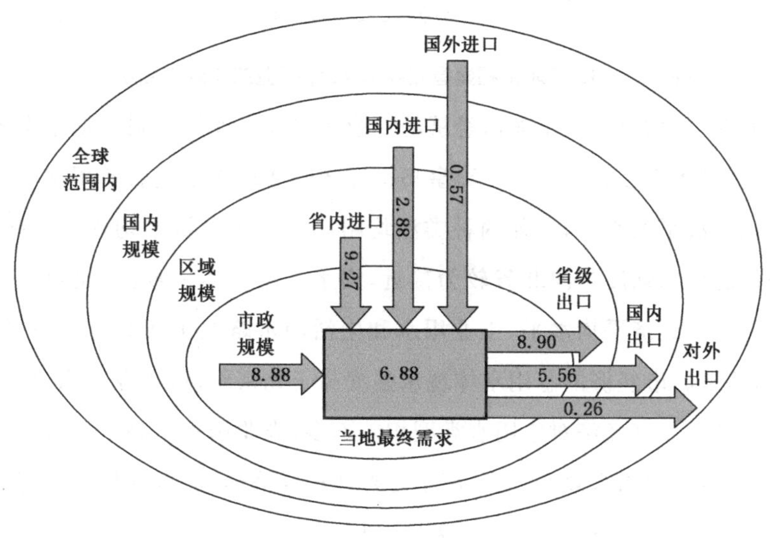

图 6.8 滨海城市多尺度体现水流（单位：亿 m^3）

对比北京和秦皇岛市的体现水强度（见图 6.9）可以看出，秦皇岛市和北京市经济部门 1（农林牧渔产品和服务）和部门 27（水的生产和供应）的体现水强度差距较大，部门 1 的体现水强度北京经济远高于秦皇岛经济，部门 27 北京经济则远低于秦皇岛经济，其他部门的体现水强度基本相当。但秦皇岛和北京市这两个经济体都具

有部门 27 的体现水几乎全部来自当地取水这一特点，秦皇岛市占比 99.57%，北京市占比 97.40%。

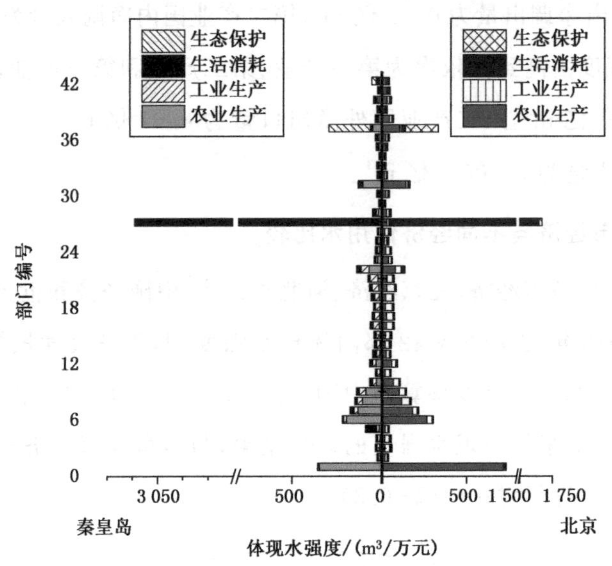

图 6.9　2012 年北京和秦皇岛经济 42 个行业的体现水强度比较

由表 6.3 可以看出，秦皇岛市经济的农业用水和工业用水强度低于世界经济平均水平，生活用水强度基本持平。秦皇岛市经济的体现水强度农业用水和工业用水远低于中国经济平均水平，另外两种类型均略高于中国经济平均水平。此外，秦皇岛市经济的总用水强度与河北省较为接近，用水类型基本一致，农业用水和生态用水略高于河北省经济平均水平，工业用水和生活用水略低于河北省经济平均水平。与此同时，秦皇岛市经济的总用水体现水强度高于北京经济，工业用水、生活用水和生态用水强度与北京经济对应用水类型相差不多，农业用水远高于北京经济。由此可知，秦皇岛市工业用水效率较高，高于另外四种经济体，而秦皇岛市经济农业用水效率与北京经济相比较低，还有很大差距，仍然存在很大的节水空间，相关部门应当对此引起足够的重视。

从体现水最终需求结构组成角度，对秦皇岛市和北京市两个经济体进行比较。2010 年北京城镇居民消费体现水量最大，占北京市体现水最终需求量总量的 46.49%，其次是代表投资拉动的固定资本形成，占北京市体现水最终需求量总量的 25.46%，剩下依次为政府消费、存货增加和农村居民消费，分别占比 16.79%、

7.82%和3.44%。通过计算得知,2012年北京最终需求体现水量排名前三的仍是城镇居民消费、代表投资拉动的固定资本形成和政府消费,分别占北京市体现水最终需求量总量的55.40%、21.80% 和16.81%,农村居民消费和存货增加占比较2010年发生较大变化,分别占比3.82%和2.17%。可以看出2010年与2012年北京市最终需求结构组成虽有细微差别,但均与秦皇岛市最终需求结构组成差距较大。

表6.3 不同经济体的平均体现水强度(单位:m^3/万元)

经济体	农业用水	工业用水	生活用水	生态水	总量
秦皇岛	56.81	12.82	15.22	1.66	86.51
北京	32.31	17.29	10.04	1.87	61.50
河北	52.91	13.91	20.09	0.88	87.78
中国	77.91	25.23	12.19	1.50	116.84
世界平均水平	64.13	18.09	13.36	—	95.58

从三大产业对输入体现水依赖性角度,对秦皇岛市和北京市两个经济体进行比较,2010年北京市经济的第一、第二和第三产业国内调入和国外进口体现水总量所占比例分别为7.52%、63.34%和29.14%。2012年北京市经济的第一、第二和第三产业国内调入和国外进口体现水总量所占比例分别为18.03%、75.51%和6.46%。可以看出2010年与2012年北京市三大产业体现水量对进口依赖性发生了较大变化,2012年北京市经济第一产业进口水量占比相较于2010年有明显提升,但秦皇岛市经济第一产业进口水量所占比例依旧远高于北京经济,2012年北京市经济第二产业进口水量占比相较于2010年有明显提升,秦皇岛市第二产业进口水量占比不再与北京经济表现相当,变得远小于北京经济,2012年北京市经济第三产业进口水量占比相较于2010年下降明显,秦皇岛市第三产业进口水量与2012年北京经济相当。但无论如何,秦皇岛市与北京市三大产业中对输入依赖性最大都是第二产业。

从三大产业输出体现水贡献率角度,对秦皇岛市和北京市两个经济体进行比较,2010年北京市经济的第一、第二和第三产业国内调出和国外出口体现水总量所占比例分别为4.89%、73.84%和21.27%。2012年北京市经济的第一、第二和第三产业国内调出和国外出口体现水总量所占比例分别为12.54%、75.57%和11.89%。可以看出2010年和2012年北京市经济的第一产业和第三产业贡献率发生了较大变化，但仍与秦皇岛市存在差距，秦皇岛市第一产业对输出体现水的贡献率较大，北京市第一产业贡献率却较小，秦皇岛市第二产业对输出体现水的贡献率远小于北京市，不过由于北京市第三产业输出体现水贡献率的变化，秦皇岛市第三产业贡献率基本与北京相当。

6.4.3 政策影响

在实施国家发展战略中，秦皇岛市是建设"黄金海岸"新区和打造环渤海经济都市圈的重要组成部分，对推进京津冀一体化的改革开放和经济社会发展具有重要作用。近年来，作为沿海城市的秦皇岛市社会经济快速增长，但给生态资源利用和环境保护却带来了极大的考验，尤其是沿海城市的"水资源"利用与安全问题。目前政府主要采取的应对策略主要有以下几个方面：(1)满足城乡居民生活用水的前提下，统筹兼顾农业、工业用水需要；(2)发展海水直接利用和海水淡化利用，提高非传统水源的开发利用水平；(3)污水的再生利用，缓解水资源紧缺；(4)提高全民节水意识；(5)制定有效的城市水资源保护措施，杜绝和避免污染水源的事情发生。以上政策主要是针对宏观直接用水核算数据制定的应对策略，并未考虑占有较大用水比重的、来源于商品贸易的虚拟水利用和消耗量，因此，由此制定的用水政策存在一定的局限性，不能从根本上解决未来秦皇岛市水资源危机问题。

随着国家不断推进坚持沿海优先发展和京津冀协同发展的战略，京津冀地区沿海城市与陆域城市的水资源形态正在发生较大的变化。综合考虑直接和间接用水的体现水核算分析结果发现，秦皇岛市的用水效率处于平均水平，与河北省相当，但仍远远落后于北京。秦皇岛和北京在最终使用结构上存在差异，前者是供应者，后者是接收者。在经济全球化的进程中，包括水资源在内的大量资源通过国内和国际贸易重新分配。鉴于上述结果，秦皇岛市与北京之间水的不平衡，需要得到迫切的关注和切实的建议。

农业和生活用水应该是秦皇岛市节水政策制定的重点领域。对于包含在第一产业的水来说，农业用水量占比最大，这意味着农业节水将成为秦皇岛市节水的重点。在贸易中的体现水，第二产业需要进口大量的体现水，这就意味着秦皇岛当地的水资源无法满足其总需水量。这种普遍趋势需要深入分析，以概念化城市经济与区域经济、实际需求与直接供应之间的联系和反馈。

基于上述考虑，促进高效的农业灌溉技术和加强农业节水措施可能是节水的基本措施。另外，第二产业的进出口占比较大，说明秦皇岛市工业经济仍处于快速发展状态。具体来说，为了协调贸易中隐含的水，必须公布不同行业/地区的水资源利用效率，通过资金保障和技术支持提高利用效率。从系统的角度出发，特别是在京津冀一体化的考虑下，认识到区域内用水分析的配置和利用具有重要意义。

6.5　小结

采用多尺度系统投入产出方法对中国河北省沿海城市秦皇岛市体现水进行了核算。揭示了秦皇岛市在城市尺度、区域尺度、国内尺度和全球尺度背景下的用水情况。在体现水强度、最终需求和贸易等方面与陆域城市北京经济进行了比较与分析，由此得到以下结论。

第二产业需要进口大量的水。同时，也揭示了秦皇岛市当地水资源无法满足其总需水量的事实。对于包含在第一产业的水来说，农业用水量仍然占很大比例，这意味着农业节水将成为区域节水的重点。秦皇岛市经济第一产业进口体现水贡献率较大，北京市第一产业贡献率却较小，秦皇岛市第二产业进口体现水贡献率远小于北京经济，秦皇岛市第三产业进口体现水贡献率与北京经济相当。但无论如何，秦皇岛市与北京市三大产业中对输入依赖性最大的都是第二产业。

此外，秦皇岛市第一产业对输出体现水的贡献率较大，北京市第一产业贡献率却较小，秦皇岛市第二产业对输出体现水的贡献率远小于北京市，不过由于北京市第三产业输出体现水贡献率的变化，秦皇岛市第三产业贡献率基本与北京相当。第二产业省内市外流入和出口水量占比较大，充分说明河北省工业经济仍处于快速发展状态。然而，秦皇岛市的用水效率仍处于平均水平，远远落后于北京。考虑到地表水最终使用结构的差异，尽管北京向其他省份/国家提供地表水，但秦皇岛市仅被视为省内其他城市的供应商，而并非主要向北京市供水。从地理位置和一体化关系来看，秦皇岛市在京津冀一体化进程中，尤其在京津冀国内进口中发挥着重要作用。在此背景下，本研究的结果可以作为国内和全球经济再规划和水资源合理配置的重要参考，为区域发展和城市一体化过程中水资源的合理配置奠定基础。

作为河北省内沿海城市，秦皇岛市经济总的体现水强度与河北省较为接近，但

高于北京经济。秦皇岛市的直接取水占最终需水量的较大比例，省外调入和国外进口只占有较小的比例，大量的体现水需求来源于省内市外流入；省内市外流出量接近最终使用的一半份额，国内省外调出占比为1/4。秦皇岛仍有余量用于贸易，是主要的供水地区。

参考文献

[1] 高从堦，阮国岭. 海水淡化技术与工程手册[J]. 环境科学，2004，25(4)：1.

第 7 章

海水淡化工程水资源利用的系统过程分析

7.1 案例工程简介

海水淡化是解决全球淡水短缺问题的重要策略之一。海水淡化工程虽然有可能提供丰富的淡水资源,但也受到淡水消耗压力的限制。在系统过程分析的基础上,以河北省黄骅港某 2.5 万吨/天海水淡化厂为例,对海水淡化的淡化水成本进行了评估。

本工作的研究案例是位于河北省的 LT-MED 三期项目,该项目是由黄骅电厂于 2013 年开发的,该项目生产淡化水 250 万 t/天。通过三期工程建设,黄骅电厂日产量由 32.5 万 t 提高到 57.5 万 t,对外供水能力由 18.8 万 t 提高到 400 万 t,居全国首位。按 20 年运行期计算,生产淡化水总量为 1.83E+08 m^3。

本工程中的蒸馏技术被认为是应用最广泛的海水淡化技术之一,在各种海水淡化工程中得到了广泛的应用。蒸馏脱盐技术包括多级闪蒸(MSF)、多效蒸馏(MED)和机械蒸汽压缩(MVC)。低温多效蒸馏(LT-MED)是 20 世纪 80 年代发展起来的,其工艺流程图如图 7.1 所示。该技术具有淡化水质量高、设备结构简单、不受原海水浓度限制、对预处理没有特殊要求等优点。该案例项目联合发电和海水淡化,是建设大型海水淡化厂的理想选择。

海水淡化工程施工阶段可进一步分为三大项目(建筑工程、安装工程、其他服务),其中安装工程又可分为三个子项目(工艺系统工程、电气系统工程以及热控制系统工程)。

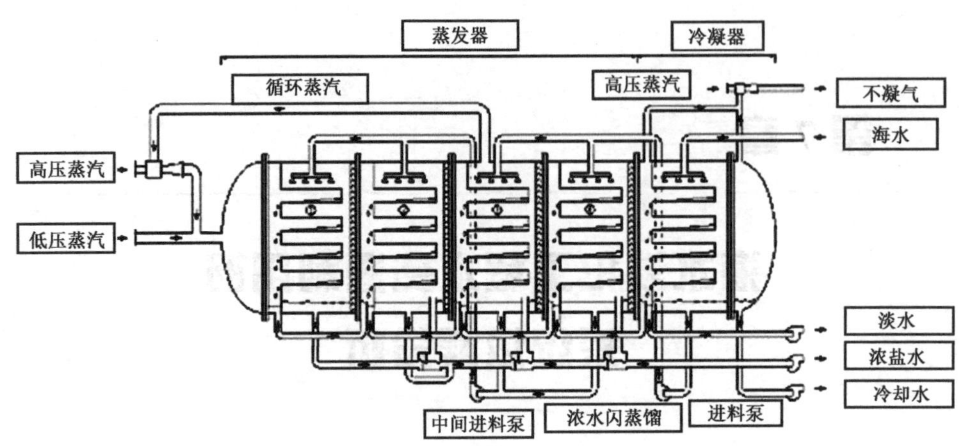

图 7.1 低温多效蒸馏海水淡化工艺流程

7.2 方法和数据来源

在上述背景下，运用系统过程分析方法，对海水淡化过程中体现水评价进行了系统分析。通过量化河北省黄骅海水淡化工程的淡化水成本，系统分析了该工程 5 个子工程的产水和耗水情况，并通过对不同用水类型的比较，对建设阶段进行了综合评价。在对基础材料进行详细分类的基础上，探讨了在海水淡化工程中合理配置和利用水资源的措施。

7.2.1 系统过程分析

本章运用系统过程分析与过程分析、投入产出分析相结合的方法，对海水淡化工程中蕴含水进行系统核算。为了提高方法的可操作性、提高数据的准确性，本章以数据清单为基础，利用第一手数据进行研究。根据海水淡化工程的具体要求和规范，将所涉及的项目和经济费用全部列出，并分为设备、材料和人工三大类。

(1) 生产行业和体现水

在具体耗水量的计算中，每个项目都可以通过供应链追溯到对应的生产行业。体现水强度为最终需求的总用水量，是指生产过程中单位经济产出的直接用水和间接用水。根据相应的库存和经济成本，可以计算出每个项目的体现水消耗量。为方便计算，将材料相同的各个子项目合并为同一经济产业，作为整个工程系统的整体经济成本。

(2) 子项目的体现水

根据每个项目的材料投入和体现水强度，结合案例项目的实际用水量，可以计算出案例项目多尺度、多类型的体现用水量：

$$W_{required} = \sum_{i=1}^{n} W_i = \sum_{i=1}^{n} (\varepsilon_i \times I_i) \tag{7-1}$$

其中 I_i 为海水淡化项目投入清单中相应 i 部门的经济成本，ε_i 表示 i 部门的多类型体现水强度，W_i 表示部门 i 用水的具体体现。通过计算每个子项目的总消耗量，可以计算整个项目在供应链中的体现水。

表 7.1　海水淡化系统评估指标

指标	内容	定义	等式关系
$W_{desalted}$	脱盐水	经过脱盐项目的总体脱盐水	
$W_{required}$	体现水	所需体现水与脱盐水的比值	
$W_{production}$	水生产	除去淡化水成本的脱盐水	$W_{desalted} - W_{required}$
$R_{investment}$	投资率	所需体现水与脱盐海水的比值	$W_{required} / W_{desalted}$
$L_{productivity}$	生产力水平	净生产水在所需体现水中的比例	$(W_{desalted} - W_{required}) / W_{required}$

7.2.2　方法和数据来源

海水淡化项目的含水系统评估需要一个适当的体现水强度清单数据库，该数据库涵盖与生产行业相对应的所有经济产品。对于不同类型的项目，在系统投入产出分析的基础上导出了体现水强度数据库。基于河北省投入产出表数据，通过系统分析，得出 2012 年河北省体现水强度清单，为河北省提供了最准确、最详细的数据。

7.3　结果分析

7.3.1　子工程的体现水

图 7.2 介绍了建造阶段的消费结构。为进行详细分析，案例项目建造阶段 5 个子项目的体现水情况的详细结果如下。

作为基础子项目，建筑工程的隐含用水量为 2.09E+06 m^3，占案例工程建造阶段的 23.1%。从各组成部分来看，如图 7.3 所示，一般土木工程项目占建筑工程总

隐含水的近 40%，其次是地基处理(15.52%)和水池(10.43%)。

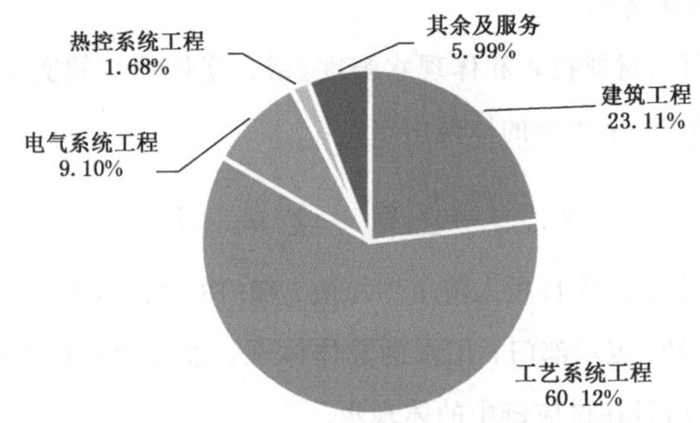

图 7.2 建造阶段的体现水结构

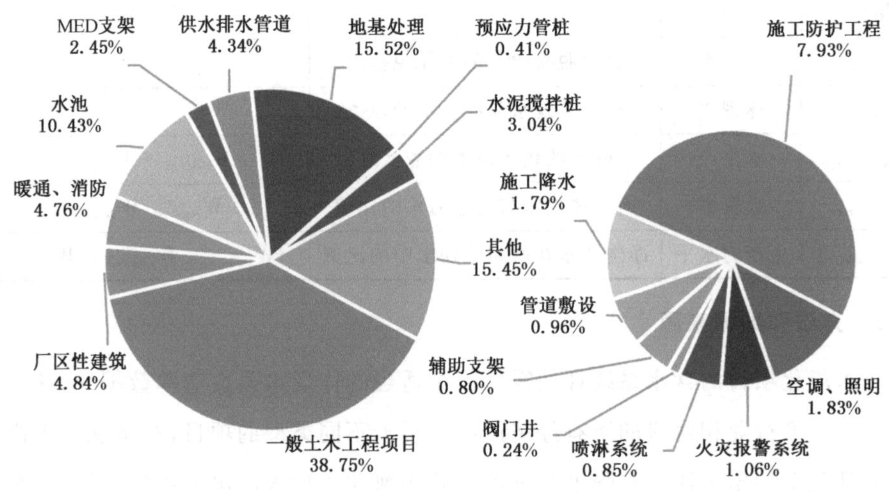

图 7.3 建筑工程的体现水结构

工艺系统工程是建造阶段最大的体现用水工程，总用水量达到 5.42E+06 m^3。水泵和变频器为主要部件(3.66E+06 m^3)，占本子项目总部件的 67.46%。如图 7.4 所示，海水淡化的辅助设备和系统设备占比也很大，分别占 13.32%和 4.93%。另外，其他配件和材料约占 10%，其中其他安装材料在该组件中所占比例最大。

电气系统工程的输入清单主要包括供电设备、辅助材料和设施及设备安装。6 kV 站用电设备体现水消耗量为 2.43E+05 m^3，占整个电力系统工程的近 30%。另外，电缆桥架支座的体现水用量为 1.60E+05 m^3，占本子项目总用水量的近

20%。其他辅助材料和设施所占比例最大，为 37.47%，如图 7.5 所示。

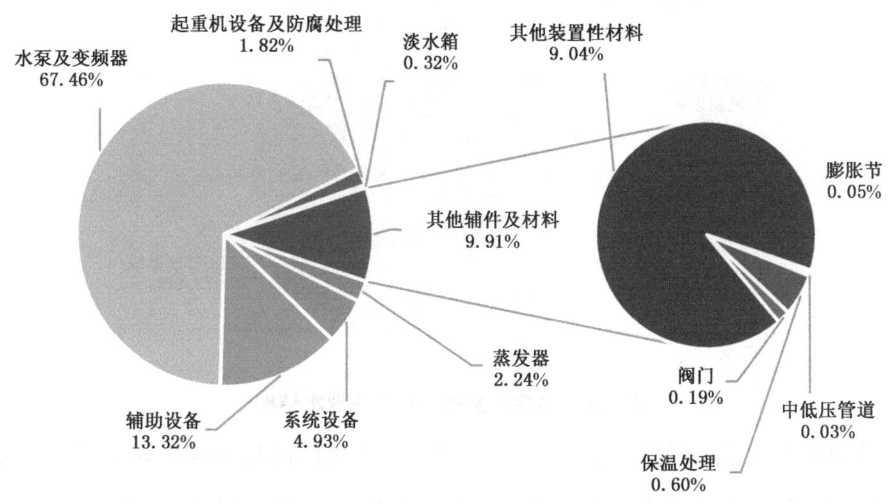

图 7.4　工艺系统工程的体现水结构

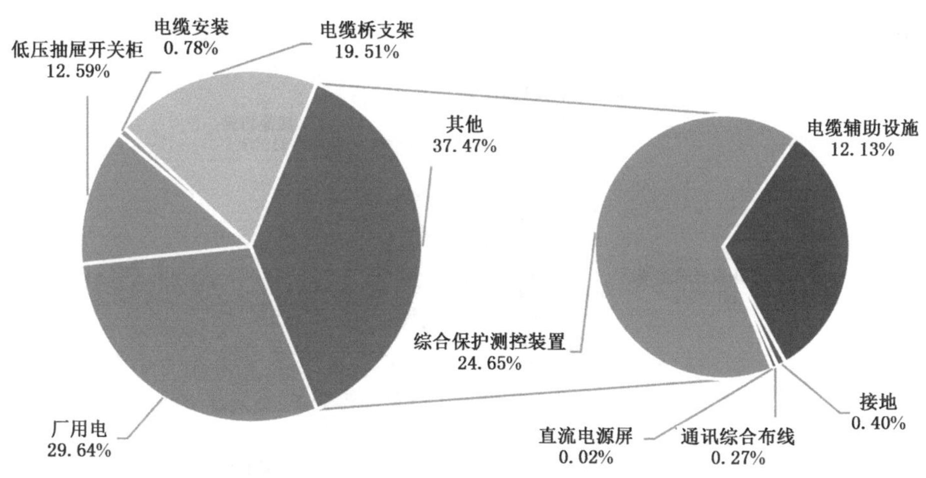

图 7.5　电气系统工程的体现水结构

热控系统主要由 PLC 装置、服务器、主仪表、控制设备、电缆、辅助设施及其他安装材料组成。其描述了热力系统工程的具体耗水结构。PLC 控制系统是本子工程的核心部件，其消耗为 1.12E+05 m^3，占本工程总消耗的 73.87%。系统服务器和电缆及附属设施在子项目中也占有较大份额，分别占 12.65%和 7.78%，如图 7.6 所示。

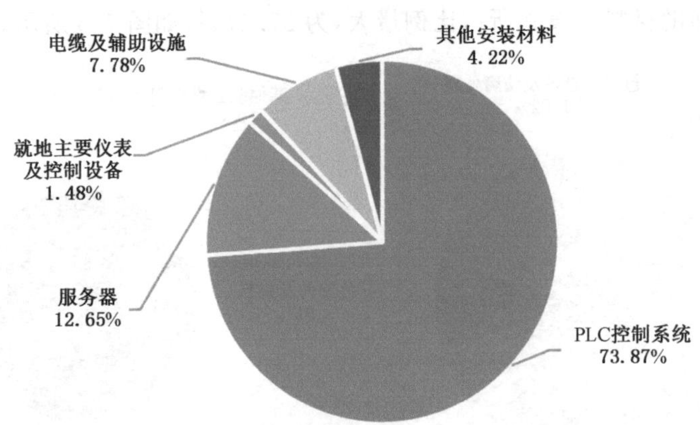

图 7.6　热控制系统工程的体现水结构

其他服务包括项目建设的管理和技术服务、系统调试和试运行等费用。项目建设技术服务是本子项目中耗水量最大的体现用水部分，耗水量为 3.05E+05 m^3，占总耗水量的 56.46%。此外，本项目建设管理的体现水用量占 9.04%，如图 7.7 所示。

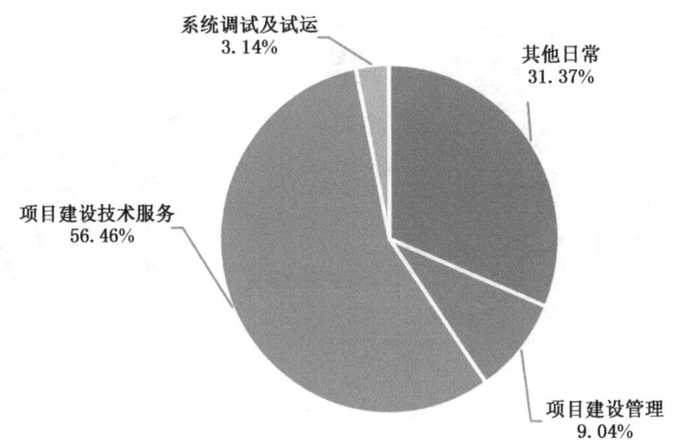

图 7.7　其他服务的体现水结构

7.3.2　建造阶段的多类型体现水

本章采用的体现水强度数据库由农业生产用水、工业生产用水、家庭用水和生物保护用水四种类型组成。根据获得的数据库，计算出建造阶段体现水用量的比例分别为 3.54%、54.22%、41.80%和 0.43%。其中，工业生产和家庭使用占总量的很大比例。表 7.2 列出了五个子项目的详细数据。

表 7.2　子项目在建造阶段的体现水用量(单位:m^3)

子项目	农业生产	工业生产	家庭使用	生物保护	总消费
建筑工程	5.33E+04	1.13E+06	8.98E+05	8.53E+03	2.09E+06
安装工程	2.44E+05	3.48E+06	2.64E+06	2.81E+04	6.39E+06
工艺系统	2.06E+05	2.95E+06	2.24E+06	2.40E+04	5.42E+06
电气系统	2.79E+04	4.50E+05	3.39E+05	3.38E+03	8.20E+05
热控制系统	1.04E+04	8.06E+04	5.95E+04	7.34E+02	1.51E+05
其他服务	2.14E+04	2.87E+05	2.30E+05	2.45E+03	5.40E+05
总消费	3.19E+05	4.89E+06	3.77E+06	3.91E+04	9.02E+06

工艺系统工程被视为建造阶段体现水用量最大的子项目。子项目中 4 种体现水的比例分别为 3.83%、54.42%、41.32%和 0.44%,分别对应于农业生产、工业生产、家庭使用和生物保护。

结合 3 个项目的具体结果,农业生产、工业生产、家庭使用、生物保护在安装工程中所占比例分别为 3.68%、54.37%、41.52%、0.43%。

以上结果表明,工艺系统工程分为 5 个子工程时是建造阶段最大的体现水子工程,安装工程分为 3 个子工程时是建造阶段最大的体现水子工程。这两个项目中四种用水类型的含水比例接近含水总量的比例。

在各类用水中,工业用水与生活用水的比例较大。在本阶段的其他子项目中,海水淡化项目建设阶段涉及的农业水和生物水较少。

7.4　讨论

沧州黄骅项目区占地约 3.3 万 m^2,直接用水量 1.60E+05 m^3。根据计算结果,计算出案例工程建造阶段的体现水用量为 9.02E+06 m^3。从结果可以看出,考虑到该阶段的间接用水量,体现水用量是直接用水量的 56 倍。运行周期生产淡化水总消耗量 1.83E+08 m^3,是建造阶段淡水总消耗量的 20.29 倍。除去建造阶段的淡水成本后,净产水量可达 1.74E+08 m^3,平均每年生产的净产水量为 8.70E+06 m^3,几乎相当于当地 20 年的平均供水量。

在所有子项目中，工艺系统工程中的体现水消耗量占比最大，占总体现水消耗量的 60.12%。其次是建筑工程，占总量的 23.1%。从安装工程(包括工艺系统工程、电气系统工程、热控制系统工程)整体来看，安装工程在建造阶段的体现水用量远远大于其他子项目，占总用水量的 70.90%。

综上所述，案例项目的投资率投资计算为 20∶1，而案例项目的生产率水平生产率计算为 19.29，远远大于 1，说明在建造阶段，淡化水产量远远高于体现水消耗量。工程投产第 1 年，计算出水量为 9.12E+06 m^3，可在施工阶段达到淡水平衡。根据沧州市统计局(2014)和《河北水利公报》(2013)统计，规模以上工业企业有 1 993 家，沧州地区每年工业总需水量为 2.68E+08 m^3。按照案例项目的设计标准，预计可满足沧州新区 8 家企业的用水需求。结合海水淡化工程的供应能力，沧州新区 8 家企业的工业用水总需水量约为 1.08E+06 m^3，占案例项目全年净水量的 12.4%。项目所在电厂除工业用水和生活用水外，仍有约 85%的净产出供其他企业使用，极大地缓解了当地经济对水的需求。具体指标见表 7.3。

表 7.3　案例项目的基本指标

指标	数据	指标	数据
W_{direct}	1.60E+05m^3	$L_{productivity}$	19.29
$W_{required}$	9.02E+06m^3	$R_{investment}$	20:1
$W_{desalted}$	1.83E+08m^3	$Y_{investment}$	第 1 年
$W_{production}$	1.74E+08m^3	N_{supply}	8 个企业

图 7.8 根据结果进一步总结了基础海水淡化工程中不同层次的淡水成本材料。根据隐含水消耗的大小，将淡水成本分为五个级别。一般来说，海水淡化工程建造阶段的投入包括一般土建工程、地基处理、海水淡化泵及变频器、海水淡化系统及辅助设备、海水淡化工程的技术服务、其他安装材料及 6 kV 站务供电设备。由图 7.8 可知，一般土建工程、基础处理、海水淡化泵及变频器、海水淡化系统及辅助设备、海水淡化工程的技术服务、其他安装材料等都分类在淡水费用较高的层次，主要集中于工艺系统工程和建筑工程。此外，蒸发器、给排水管道、PLC 装置、电缆桥架等电缆辅助设施等组件属于淡水成本较低的层次，也一直被视为海水淡化工程中不可缺少的组件。

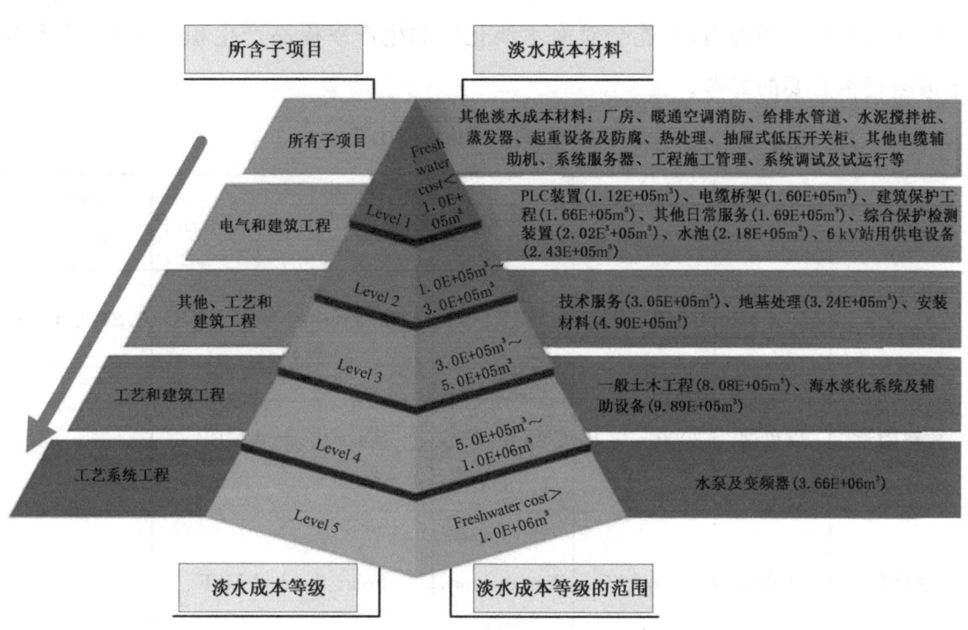

图 7.8　淡水成本等级的金字塔模型

近年来，海水淡化技术在世界范围内取得了长足的发展。中国作为世界上缺水严重的国家之一，对海水淡化建设有着巨大的需求，以缓解水危机。根据《全国海水利用报告(2016)》，我国已建成海水淡化项目 100 多个，日产水规模近 200 万吨。

此外，对世界各地以往研究中不同的海水淡化项目也进行了对比，如表 7.4 所示。目前的对这些项目的经济投资进行评估，而针对海水淡化工程中淡水成本评价的研究却很少。一般情况下，经济成本与生产能力的关联度较高，而案例项目的生产能力在这些项目中几乎居于首位。利用黄骅电厂的项目输入，淡水成本通过详细的材料评估进行系统评估。一方面，该评价可从淡水成本角度为电厂设计改进和工程运行优化提供基础性参考。另一方面可以有效避免水资源的低效利用，实现区域协同发展的水资源合理配置。

为了提高海水淡化的利用率，加强对高耗水材料的监管，优化工艺操作系统，提高海水淡化工程的投资率和生产水平是很有必要的。在基础部件中，包括海水淡化泵及变频器、海水淡化系统及辅助设备、海水淡化工程技术服务等海水淡化材料值得被进一步重视。此外，海水淡化项目的建设需要系统的全生命周期计量核算体系，以实现节水合作和合理配置。总体而言，从供应链的上游和下游两方面优化海

水淡化仍有巨大的潜力，可能会对海水淡化厂的生产率提高产生积极影响，并为节水策略提供必要的参考。

表 7.4 海水淡化厂的比较

地点	国家	工厂生产能力	参考	合适的 RE-desalination 组合	单位产品成本
——	——	1 500 m³/天	[9]	Solar thermal-MEE-MVC	1.24 美元/m³
死海附近	以色列	3000 m³/天	European Commission, 1998	Solar thermal-MEB	——
撒法特	科威特	10 m³/天	European Commission, 1998	Solar thermal-MSF	——
阿尔梅里亚	西班牙	72 m³/天	[10]	Solar thermal-MED-TVC	——
安科纳大学	意大利	30 m³/天	[11]	Solar thermal-MEB	——
拉瑙	马来西亚	20 000 m³/天	[12]	Geothermal-VMD	0.50 美元/m³
潘泰莱里亚岛	意大利	4 110 m³/天	[13]	Geothermal-MED	2.30 美元/m³
达尔马提亚	克罗地亚	100 m³/天	[14]	Wind-RO	——
Ténès	阿尔及利亚	5 000 m³/天	[15]	Wind-RETScreen free	——
黄骅港	中国	25 000 m³/天	本书	water-electricity cogeneration-LT-MED	0.95 美元/m³

7.5 小结

本章以黄骅电厂海水淡化项目为对象，通过对淡水成本进行评估，获得了建设阶段海水淡化材料的具体含水清单。系统分析了海水淡化工程 5 个子工程的产水和耗水情况，并通过不同用水类型的比较，对建造阶段进行了综合评价。本工作首次将系统核算应用于某海水淡化项目的淡水成本评估，为黄骅电厂及缺水地区其他可能项目的系统水核算奠定了坚实的基础。

总体而言，施工阶段总体现水消耗量为 9.02E+06 m^3，比施工阶段直接耗水量高 56 倍。在 20 年的生命周期内，总产水量可达 1.83E+08 m^3，年净产水量可达 8.70E+06 m^3。技术系统工程的体现水用量为 5.42E+06 m^3，在子项目中最高。案例项目的海水淡化产能水平为 19.29，极大地缓解了淡水资源的短缺，为我国的节水战略作出了一定的贡献。

这项工作清楚地提供了一套淡水成本核算和评估海水淡化项目的生产力。首次将系统过程分析应用于海水淡化系统淡水成本评估，填补了淡水核算与评估领域的空白。同时，研究对新建海水淡化项目的建设和现有项目的淡水运营管理进行了系统核算。本章对海水淡化工程的淡水成本评估进行了详细的分析，对缓解淡水资源短缺问题，并将研究推广到其他海水淡化工程具有重要意义。

参考文献

[1] 河北国华沧东发电有限公司. 2.5 万吨海水淡化工程决算[Z]. 河北：河北国华沧东发电有限公司，2013.

[2] Han M Y, Chen G Q, Meng J, et al. Virtual water accounting for a building construction engineering project with nine sub-projects: a case in E-town, Beijing[J]. J. Clean. Prod, 2015(112): 4691-4700.

[3] Liu S Y, Wu X D, Han M Y, et al. A three-scale input-output analysis of water use in a regional economy: Hebei province in China[J]. J. Clean. Prod, 2017(156): 962-974.

[4] Chen G Q, Shao L, Chen Z M, et al. Low-carbon assessment for ecological wastewater treatment by a constructed wetland in Beijing[J]. Ecol. Eng, 2011(37): 622-628.

[5] Chen G Q, Yang Q, Zhao Y H. Renewability of wind power in China: a case study of nonrenewable energy cost and greenhouse gas emission by a plant in Guangxi[J]. Renew. Sustain. Energy Rev, 2011(15): 2322-2329.

[6] Li Y L, Han M Y. Embodied water demands, transfers and imbalance of China's mega-cities[J]. J. Clean. Prod, 2018(3): 1336-1345.

[7] Liu S Y, Wu X D, Han M Y, et al. A three-scale input-output analysis of water use in a regional economy: Hebei province in China[J]. J. Clean. Prod, 2017(156): 962-974.

[8] Han M Y, Michael D, Chen G Q, et al. Global water transfers embodied in Mainland China's foreign trade: production- and consumption-based perspectives[J]. J. Clean. Prod, 2017(161): 188-199.

[9] Nafey A S, Mohamed M A, Sharaf M A. Enhancement of solar water distillation process by surfactant additives[J]. Desalination, 2008(220): 514-523.

[10] Zarza E, Ajona J, Leon J, et al. Solar thermal desalination project at the Plataforma Solar de Almeria[J]. Sol. Energy Mater, 1991, 24: 608-622.

[11] Caruso G, Naviglio A. A desalination plant using solar heat as a heat supply, not affecting the environment with chemicals[J]. Desalination, 1999 (122): 225-234.

[12] Chiam C K, Sarbatly S. Vacuum membrane distillation processes for aqueous solution treatmentda review[J]. Chem. Eng. Process, 2013(74): 27-54.

[13] Manenti F, Masi M, Santucci G, et al. Parametric simulation and economic assessment of a heat integrated geothermal desalination plant[J]. Desalination, 2013(317): 193-205.

[14] Vujcic R, Krneta M. Wind-driven seawater desalination plant for agricultural development on the islands of the County of Split and Dalmatia[J]. Renew. Energy, 2000(19): 173-183.

[15] Dehmas D A, Kherba N, Hacene F B, et al. On the use of wind energy to power reverse osmosis desalination plant: a case study from Ténès (Algeria) [J]. Renew. Sustain. Energy Rev, 2011(15): 956-963.

第 8 章 海水淡化工程能源-水关系分析

8.1　案例工程简介

河北省作为我国沿海省份之一，水资源相对稀缺，能源消耗密集。根据《中国统计年鉴》，河北省人均水资源量为 184.50 m^3，仅占全国平均水平的 8.89%。此外，河北省的能源强度为 2.62 kJ/元，远高于中国的平均能源强度 1.59 kJ/元。鉴于河北省是推进海水淡化项目的省份之一，从能源消耗和水生产的双重角度分析海水淡化项目具有重要意义。

一般来说，海水淡化项目的建设需要 13 年，包括调查、选址、批准和建设等过程。根据中国《国家海水利用报告》，2005 年至 2016 年，河北省建设了 7 个海水淡化项目。黄骅海水淡化工程作为我国典型的海水淡化工程，需要建设低温多效海水淡化装置，以缓解淡水资源的短缺。本项目一期产能为 20 000 t/天，二期产能为 125 000 t/天，三期产能为 25 000 t/天。本项目采用多效蒸馏脱盐技术，也是沿海省区最常用的脱盐类型。

目前，海水淡化日产水量已从 3 250 万 t 增加到 5 750 万 t，外部供水能力从 18 800t 增加到 40 000t，居我国首位。本研究对 2013 年投产的三期工程建设和运营阶段的能耗进行了分析。项目建成投产后，在产水能力、淡化工艺、运行管理、技术改造等方面均未进行大规模调整。三期工程淡水产量为 1.825 0 亿 m^3，依惯例按 20 年计算。

在本案例中，海水淡化项目的整个生命周期分为建筑工程、安装系统、其他服务和运营阶段。安装系统包括技术控制系统、电气控制系统和热控系统三个子系统。

从历史变化来看，海水淡化技术包括20世纪40年代初的蒸馏技术、1952年的电渗析技术和20世纪60年代初的反渗透技术。低温多效蒸馏脱盐作为一种传统的蒸馏技术，可以利用电厂提供的低品味蒸汽对海水进行蒸发和冷凝。因此，该技术可以实现相对较高的产水率，特别适用于废热水平较低的大中型海水淡化项目。来自火力发电厂的低品味蒸汽和余热也可用于产生热水，并为海水淡化项目提供部分热量。案例海水淡化项目的系统图如图8.1所示。核算边界内案例项目的能耗定义为直接能耗，边界外案例项目的能耗定义为间接能耗。

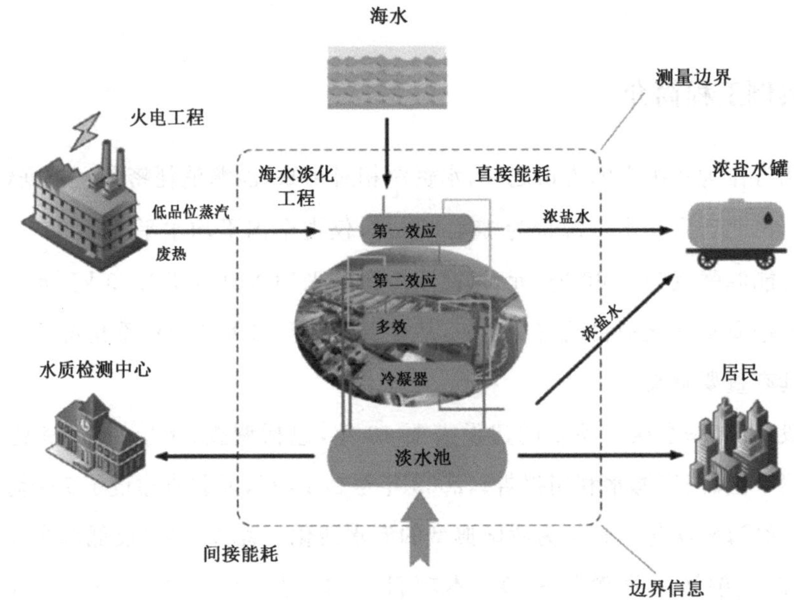

图8.1　案例海水淡化项目的系统图

8.2　方法与材料

8.2.1　方法

(1) 系统投入产出分析

本研究使用投入产出分析，基于经济投入产出表和直接资源消耗进行体现资源核算。本案例中，体现能源是指某些商品和服务在生产过程中的总能源使用量，体现能源强度可以用来衡量单位经济产出的能源使用量。R、D、F 分别代表区域经济、国内经济和国外经济。相应地，区域经济的总经济产出可通过生物物理平衡获得，如下所示：

$$x_i^R = \sum_{j=1}^{n} Z_{i,j}^R + f_i^R + ex_i^D + ex_i^F \tag{8-1}$$

式中：$Z_{i,j}^R$——系统内部门 i 到系统内部门 j 的中间投入经济流；

f_i^R——部门 i 提供给系统内最终需求的经济流；

ex_i^D、ex_i^F——区域经济中从 i 部门到 j 部门的经济流。

根据图 2.2 和式(8-1)，区域经济中与部门 i 相关的经济和能源流的投入产出平衡可描述为：

$$e_{k,j}^R + \sum_{j=1}^{n} \varepsilon_{k,j}^R Z_{j,i}^R + \sum_{j=1}^{n} \varepsilon_{k,j}^D im_{j,i}^D + \sum_{j=1}^{n} \varepsilon_{k,j}^F im_{k,i}^F = \varepsilon_{k,i}^R \left(\sum_{j=1}^{n} Z_{i,j}^R + f_i^R + ex_i^D + ex_i^F \right) \tag{8-2}$$

式中：$e_{k,j}^R$——区域经济中 i 部门消耗的第 k 种能源；

$\varepsilon_{k,j}^R$、$\varepsilon_{k,j}^D$、$\varepsilon_{k,j}^F$——区域经济、国内经济和国外经济中 j 部门的第 k 个体现能源强度；

ex_i^D、ex_i^F——区域经济中 i 部门向国内调出和国外出口的经济流。

将式(8-1)引入式(8-2)，n 个部门中包含 k 类能源的经济流和能源流之间的平衡为：

$$\boldsymbol{E}^R + \boldsymbol{\varepsilon}^R \boldsymbol{Z}^R + \boldsymbol{\varepsilon}^D \boldsymbol{IM}^D + \boldsymbol{\varepsilon}^F \boldsymbol{IM}^F = \boldsymbol{\varepsilon}^R \boldsymbol{X}^R \tag{8-3}$$

式中：$\boldsymbol{E}^R$——区域经济中的能源消耗矩阵；

$\boldsymbol{\varepsilon}^R$、$\boldsymbol{\varepsilon}^D$、$\boldsymbol{\varepsilon}^F$——区域、国内和国外经济的体现能源强度矩阵；

$\boldsymbol{Z}^R$——中间经济流量矩阵；

$\boldsymbol{IM}^D$、$\boldsymbol{IM}^F$——国内和国外经济的经济流入矩阵；

$\boldsymbol{X}^R$——代表经济产出矩阵。

具体能量强度矩阵($\boldsymbol{\varepsilon}^R$)可进一步得到：

$$\boldsymbol{\varepsilon}^R = (\boldsymbol{E}^R + \boldsymbol{\varepsilon}^D \boldsymbol{IM}^D + \boldsymbol{\varepsilon}^F \boldsymbol{IM}^F)(\boldsymbol{X}^R - \boldsymbol{Z}^R)^{-1} \tag{8-4}$$

由式(8-4)可以得到产品/服务的体现能源强度，它不仅可以表示生产过程中的直接能源消耗，还可以反映供应链上的间接能源消耗。

就能源消费而言，一个区域内外的类似产品或服务具有不同的能源强度，可以按照不同的规模进行分类，包括国外、国内和区域经济。关于多尺度关系，体现能源强度可分为三个部分：区域使用、国内转移和国外进口，如下所示：

$$\varepsilon^{R-R}=E^{R}(X^{R}-Z^{R})^{-1} \tag{8-5}$$

$$\varepsilon^{D-R}=(\varepsilon^{R}IM^{D})(X^{R}-Z^{R})^{-1} \tag{8-6}$$

$$\varepsilon^{F-R}=(\varepsilon^{F}IM^{F})(X^{R}-Z^{R})^{-1} \tag{8-7}$$

式中：ε^{R-R}、ε^{D-R}、ε^{F-R}——区域使用、国内转移和国外进口产生的体现能源强度。

结合投入产出模型模拟的多尺度体现能源强度数据库，可以得到项目全生命周期体现能源消耗量。

(2) 系统生命周期分析

本案例采用生命周期分析和投入产出分析相结合的系统核算方法，对海水淡化项目的能耗进行分析。海水淡化工程系统的核算框架如图 8.2 所示。具体程序如下：

(a) 在这项工作中，建立案例项目的项目投入清单以及生命周期分析中的投资清单至关重要。对于海水淡化工程，投入项目清单包括施工和运营阶段的经济投入。为确保结果的准确性和合理性，本案例利用河北国华沧东发电有限公司 2013 年的第一手数据进行分析。根据项目清单，将海水淡化项目的经济投入分为不同的子项目。

(b) 基于我国河北省的多尺度投入产出分析，将体现密集度与经济投入项目进行匹配，每个项目可以按部门分配到体现密集度数据库，通过将类似产品合并到同一经济部门作为一个整体，可以简化计算流程。

(c) 获取整个项目的体现能耗。在对经济投入项目和相应的经济产业进行分类后，通过乘以各项目的货币流量和相关强度，得出各子项目的具体体现能耗。通过对能源类型和不同经济性的分类，案例项目的多规模、多类型能源消耗可计算为：

$$E^{R-R}=\sum_{i=1}^{m}E_{i}^{R-R}=\sum_{i=1}^{m}\sum_{k=1}^{l}(\varepsilon_{k,i}^{R-R}\times c_{i}) \tag{8-8}$$

$$E^{D-R}=\sum_{i=1}^{m}E_{i}^{D-R}=\sum_{i=1}^{m}\sum_{k=1}^{l}(\varepsilon_{k,i}^{D-R}\times c_{i}) \tag{8-9}$$

$$E^{F-R}=\sum_{i=1}^{m}E_{i}^{F-R}=\sum_{i=1}^{m}\sum_{k=1}^{l}(\varepsilon_{k,i}^{F-R}\times c_{i}) \tag{8-10}$$

式中：c_i——与海水淡化项目投入清单相对应的部门 i 的经济成本；

$\varepsilon_{k,i}^{R-R}$、$\varepsilon_{k,i}^{D-R}$、$\varepsilon_{k,i}^{F-R}$——第一部门直接使用、国内转移和国外进口的体现能源强度；

E^{R-R}、E^{D-R}、$\varepsilon_{k,i}^{F-R}$——直接使用、国内转移和国外进口的体现能源消耗

E——整个项目的体现能耗，可通过 $E=E^{R-R}+E^{D-R}+E^{F-R}$ 获得。

通过计算每个子项目的体现能耗，可以计算整个项目的体现能耗(E)。

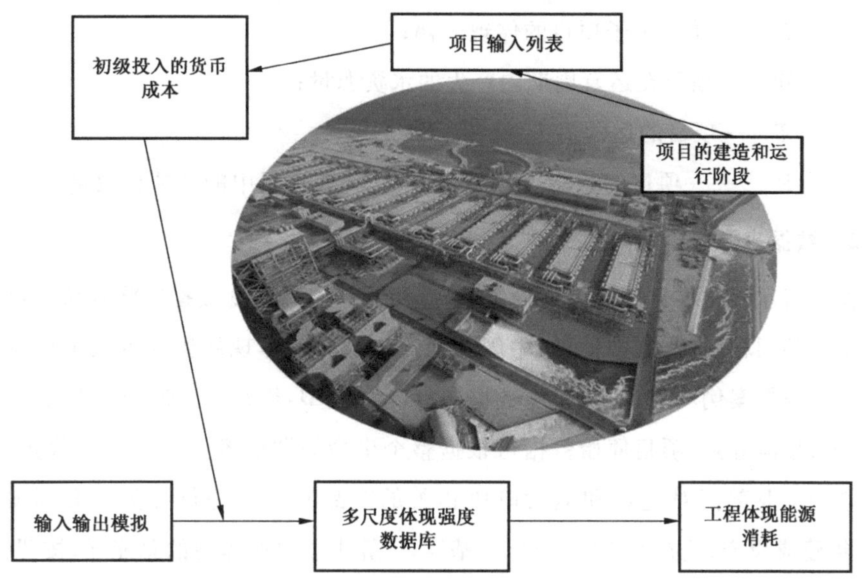

图 8.2 海水淡化工程系统的核算框架

(3) 能-水关系评估

研究能源和淡水资源之间的联系在资源保护中起着至关重要的作用。计算海水淡化项目单位产水能耗可以促进对能源和水资源之间关系的理解。近年来，火力发电厂产生的能量首先转化为机械能，然后再转化为具有转换效率的电能，以测量能量损失。参考电能和热能之间的转换指数，该关系可表示为：

$$Q=\frac{E'}{S\times P} \tag{8-11}$$

式中：E'——耗电量；

S——热功率的等效值；

P——完全转化发电 1 kWh 的热功率焦耳。

通常,Q 值估计约为 30%。

海水淡化项目的能源-水关系指数如下：

$$R_i^{E,W}=\frac{E_i\times Q}{W\times T\times P} \tag{8-12}$$

$$R^{E,W}=\sum_{i=1}^{n}R_i^{E,W} \tag{8-13}$$

式中:$R_i^{E,W}$——第 i 个项目的能-水关系指数;

E_i——第 i 个子项目的体现能耗;

W——项目在运营周期内产生的水资源量;

T——项目的运营期;

$R^{E,W}$——项目的总能-水关系指数,n 代表项目中的子项目数量。

8.2.2 数据来源

作为海水淡化项目能耗评估的基础,应用体现能源强度数据库将经济产品与各自的生产部门相匹配,其中世界、中国和河北省的具体体现能源强度数据库是必不可少的。根据案例项目,能源强度数据包括四种类型:原煤、石油、天然气和一次电力(水电、核能等)。项目原始数据可根据整个生命周期的投入项目清单收集,并根据相应的工业部门对建设和运营阶段相关的产品和服务进行分类。案例项目自2013 年建成投产,选择 2012 年为施工基线,计算本项目所体现的总能耗,按照惯例,运营期按 20 年计算。

基于多尺度投入产出分析,河北省能源强度数据库的建立需要《河北省统计年鉴》中的工业能源使用和投入产出表。为了将能源强度划分为不同的尺度,需要中国和世界的能源强度。在国家层面,建立中国的具体能源强度数据库,需要中国能源统计年鉴中的中国能源平衡表中的中国直接能源消耗数据和国家统计局中国经济投入产出表中的中国直接能源消耗数据。就全球范围而言,内含强度数据库需要国际能源署提供的按国家划分的直接能源消耗数据和 Eora 数据库提供的相关全球经济投入产出表。相关数据库可根据之前关于中国和全球的研究程序建立。

8.3　结果分析

8.3.1　不同时期的能源消耗量

海水淡化工程施工阶段总能耗为 0.69 PJ，包括施工工程、技术控制系统、电气控制系统、热控系统等服务。在运行阶段，每年的总能耗为 1.94 PJ，总淡水产量为 1.825 0 亿 m^3，运行期为 20 年。

各子项目施工阶段能耗结构如图 8.3 所示。安装工程包括技术控制系统、电气控制系统和热控系统，占施工阶段总能耗的 78.08%。子项目中技术控制系统所占比例最大，占 66.82%，其次是建筑工程，占 18.24%。由于框架、管道和电缆安装以及工装安装需要消耗大量能源，技术控制系统在降低施工阶段所体现的能源消耗方面显示出最大的潜力，主要受安装工程中关键材料和部件供应链的影响。

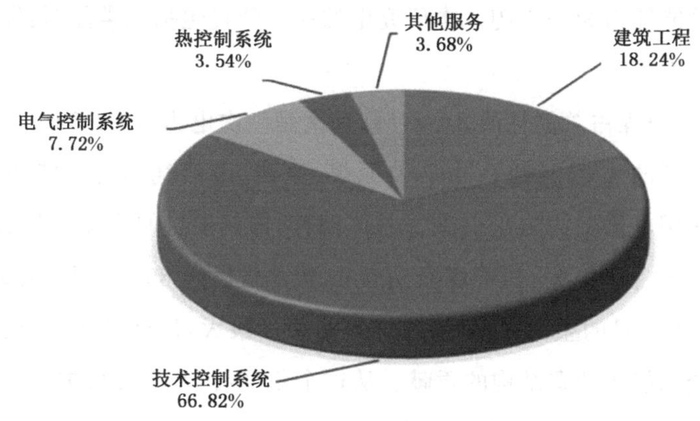

图 8.3　各子项目施工阶段能耗结构

对于运行阶段，图 8.4 显示了脱盐项目子组件的能耗结构。总能耗主要由管理、设备检修维护费、人工成本、化学制品、热能消耗、电能消耗六部分组成。为维持设备正常运行，热能消耗占 95.64%，电能消耗占 2.87%。设备检修和维护的总能耗小于 1%。请注意，在运行阶段，热能需求占最大比例，这意味着降低海水淡化厂运行中的热能对降低整个能耗起着至关重要的作用。

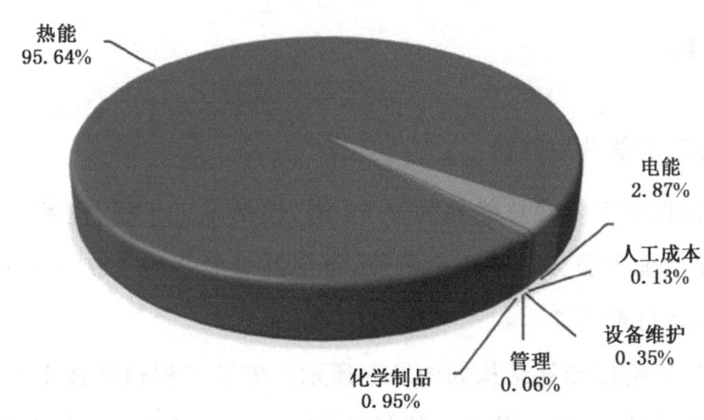

图 8.4　脱盐项目子组件的能耗结构

8.3.2　按能耗类型划分的能耗

本案例中的系统核算从生命周期的角度跟踪不同类型的能源消耗。总体来看，整个项目的总能耗为 39.46 PJ。本研究中的能源消耗包括四类能源：原煤、原油、天然气和一次电力。

总体而言，原煤占总能耗的 84.21%，其次是一次电力，占 8.52%。原油和天然气分别占总能耗的 4.31%和 2.96%。原煤、原油、天然气等传统能源消费总量占 91.50%，一次用电比例约为 8.50%。总体而言，案例项目的能源消费结构与河北省的能源消费结构密切相关，其中煤炭消费占全省总量的 85%以上（河北省统计局，2013 年）。在本项目的生命周期中，原煤的使用量最大，但略低于省级比例，这也代表了国家和全球能源消费结构的贡献。从这个角度看，有必要根据国家可持续发展战略，适当注意优化能源结构和能源类型多样化。

8.3.3　不同规模的能源消耗

根据多尺度投入产出模拟，河北省获得的强度数据可分为三个部分：国外进口、国内转移和区域层面的直接使用。项目建设和运营阶段不同规模的总能耗分析如下。

案例项目的能源消耗结构，包括国外进口、国内转移和直接使用。总的来说，部门 25（电力和热力的生产和供应）消耗的能源量最大，总计 1.94 PJ，其次是部门 16（通用和专用设备制造），总计 0.33 PJ。由于运行阶段热量消耗量较大，其他部门消耗的比例相对较小，约占总量的 26.14%。从不同规模的能源消费来看，进口占

3.01%，国内转移占 68.79%，直接使用占 28.20%。总体而言，全国范围内的能源消耗所占比例最大，这主要是由于河北省项目的大部分必需品和材料更有可能从中国其他地区获得，但某些特定国家的高端技术/专利产品除外。

8.3.4　按部件和材料的能耗

由于海水淡化项目主要通过热能产生淡水资源，其主要部件和材料（包括蒸发器和一般土木工程）在项目中至关重要，约占施工阶段的 39.50%。控制系统的能耗包括技术控制系统、电气控制系统和热控制系统三个子项目。技术控制系统能耗为 0.46PJ，包括蒸发器、系统设备、辅助设备、泵及变频器、水箱、起重设备及防腐处理等附件。其中，蒸发器是施工阶段的主要部件，占总量的 51.27%。蒸发器作为最基本的设备，其效率和尺寸在很大程度上影响着经济效益和生产能力。此外，泵和变频器所占比例较大，分别占总数的 19.22%和 18.90%。对于电气控制系统，工厂能耗和电缆安装费分别占总能耗的 57.31%和 25.77%。此外，热控系统能耗为 0.02 PJ，主要由 PLC 控制系统、MTR-420 服务器、主要仪表及控制设备、电缆及辅助设施等安装材料组成。其中，PLC 控制系统和电缆及辅助设施在热控系统中的比例约为 77%。

此外，施工管理费、系统调试费和运输费的能耗分别占子项目的 9.14%、3.17% 和 30.38%。如图 8.5 所示。

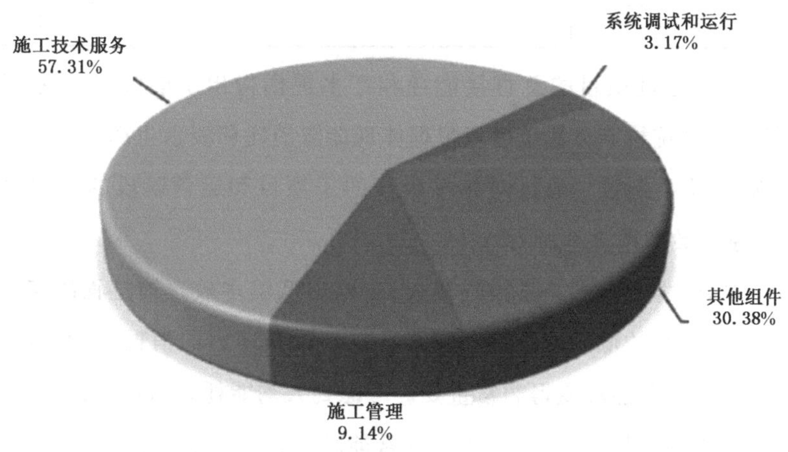

图 8.5　其他服务的能耗

8.4 讨论和对政策的影响

8.4.1 体现能源消耗和淡水生产耦合分析

能源和淡水资源在各种生产活动中不断相互转化，几乎所有的生产活动都离不开能源和淡水资源的投入。对于河北省来说，能源资源可以从中国其他省份(如山西省)转移，而淡水资源的跨区域转移并不容易维持区域可持续发展。在这种情况下，海水淡化项目有可能将水压力转化为沿海地区的能源消耗，以缓解当地的淡水资源短缺。对不同时间段、能源消耗类型、规模、组件和材料的系统评估有望为海水淡化项目施工和运营阶段的能源消耗和淡水生产之间的平衡提供启示。

表 8.1 列出了不同时期的能源消耗和产水量。在施工阶段，海水淡化项目的能耗为 0.69 PJ，而该阶段没有产水。在 20 年运行阶段，本项目体现的年能耗为 1.94 PJ，年产水量为 9 125 万 m^3。运营期间，海水淡化的水资源量增加，可逐渐缓解该地区的缺水问题。

表 8.1　不同时期的能源消耗和产水量

	施工阶段	运行阶段
能源消耗	0.69PJ	1.94PJ/年
产水量	0 m^3	91.25 万 m^3/年
时间段	1 年	20 年

以往的研究通过项目的总直接能耗和产水规模得出了能源-水关系指数。然而，本案例中的系统核算方法也可以根据体现能源消耗和淡水生产规模确定不同子项目的能源-水关系指数。通过对施工阶段的子项目和运营阶段的子项目进行分类，能-水关系指数如图 8.6 所示。

总的来说，热力的能水关系指数最大，主要由低温多效蒸馏过程决定。需要注意的是，热电厂产生的低品位蒸汽和废热可以替代热动力的消耗，这使得海水淡化和热电厂合用以降低能耗变得非常重要。考虑到人均能耗，通过替代火力发电降低能耗的潜力可以满足超过 3.13 亿人的日常能耗。此外，施工阶段技术控制系统的能水关系指标和运行阶段的用电量也位居前列。由于该指数相对较高，更新先进技术和提高能源效率等相关战略将切实可行，以降低能源消耗。

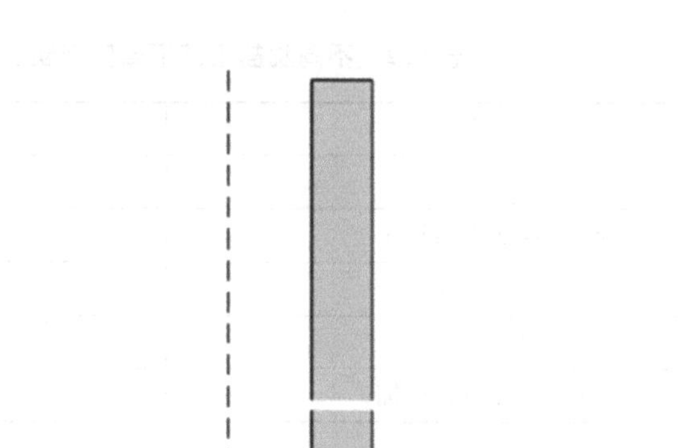

图 8.6　能-水关系指数

根据评估，本案例项目的能-水关系指数可计算为 18.02 kWh/m³。通过海水淡化和火力发电厂的结合，有利于能源合理匹配和淡水资源的供需。考虑到冷却和脱盐技术的差异，美国火力发电厂的加权平均耗水系数约为 1.25E-03 m³/kWh。火力发电厂作为一个重要的发电系统，不能忽视发电过程中所消耗的淡水资源，这也说明了能-水关系评估的必要性。

表 8.2 进一步列出了不同脱盐工艺下单位产淡水能耗。其中，采用低温多效蒸馏技术时的能耗为 17.90 kWh/m³，脱盐项目的单位能耗在 4.10 kWh/m³ 至 23.40 kWh/m³ 之间。本研究的单位能耗略高于其他研究的平均水平，这主要是由于供应链中体现的间接能耗。然而，为了满足基本的产水能力，仍然可以通过合理选择蒸发器规格、减少能源密集型部件、充分利用低品位蒸汽和废热来平衡产淡水与能耗以降低该指标。多级飞灰系统中的指数高于本项目中的指数，这代表了本研究中的技术与其他评估中的技术之间的差异。

表 8.2 不同脱盐工艺下单位产淡水能耗

工艺	$R_{E,W}$
RO	5.00
低温多效蒸馏技术	17.90
多级闪蒸	23.40
电渗析	4.10
本书(低温多效蒸馏)	18.02

8.4.2 政策影响

根据《海水利用十三五规划(2016 年)》,到 2020 年年底,中国海水淡化总规模达到 220 万 t/天,其中沿海地区为 105 万 t/天。在天津、大连、青岛等沿海城市,海水淡化量达到 5 万 t/天。相应地,位于中国河北省的海水淡化项目每天可生产 25 000t 淡水,整个生命周期的相关能耗为 39.46 PJ。考虑到海水淡化能力的不断提高,中国鼓励海水淡化项目的发展必然会带来大量的能源消耗压力。根据国家可持续发展战略,海水淡化在缓解水安全方面具有巨大潜力,但也可能导致能源消耗增加,特别是在重工业和能源密集型产品的地区。基于上述结果,关键影响和建议包括:

(1) 本案例项目中的具体能耗包括原煤、原油、天然气和一次电力四种能源。其中,传统能源占多数。从这个角度看,有必要根据国家可持续发展战略,适当注意优化能源结构和能源类型多样化。

(2) 本案例规定了详细部件和材料的能耗,这对于能源-水关系和多类型资源平衡的有针对性地调整是切实可行的。特别是,蒸发器是在施工阶段消耗大量能量的设备。蒸发器的选择可能会影响经济效率和生产能力,这代表了脱盐项目的生产能力、规模、效率、数量和价格之间的权衡。

(3) 结果表明,火电在总能耗中所占比例最大,可以用低品位蒸汽和余热替代。此外,施工阶段技术控制系统的能源-水关系指标和运行阶段的用电量也位居前列。为了降低海水淡化项目的能源消耗,将海水淡化和热电厂合用在一起并提高子项目和组件的能源效率非常重要。

8.5 小结

本章以中国黄骅海水淡化工程为例,使用系统投入产出法和系统生命周期分析的方法分析了工程建设和运行阶段的总能耗。总体而言，相应的淡水年产量为 913 万 m^3，而运行阶段的年能耗为 1.94 PJ。通过对案例项目的能源消耗进行系统核算，对于支持相关项目的能源-水关系评估具有重要意义。案例项目的能耗计算为 18.02 kWh/m^3，略高于其他研究中的能耗，但低于多级闪蒸系统的能耗。将海水淡化和火力发电厂结合起来，可以发现能源和水资源的供需之间的合理匹配对区域可持续发展至关重要。

根据案例分析结果，海水淡化需要大量能源来支持，以缓解水资源短缺。根据国家可持续发展战略，海水淡化对水安全具有巨大潜力，但也可能导致能源消耗增加，特别是在重工业和能源密集型产品的地区。本案例项目的评估可为中国其他海水淡化项目的建设规划和运营管理提供科学参考。在这种情况下，传统能源类型的比例相对较高，需要通过国内供应链和劳资关系优化能源结构和能源资源组合，关键材料和组件的选择需要在产能、效率、规模、数量和价格之间进行权衡。特别是，建议将占据能源消耗最大份额的火力发电厂替换为火力发电厂产生的低品位蒸汽和废热，从能源-水关系的角度来看，海水淡化和火力发电厂的联合选址有可能降低能源消耗。对于各子项目，还应重点关注施工阶段技术控制系统的能源-水关系指标和运行阶段的用电量。考虑到海水淡化项目的未来实施，应适当关注能源消费结构和区域供应链，这对于区域能源和水资源节约具有重要意义。

参考文献

[1] Al-Karaghouli A, Kazmerski L L. Energy consumption and water production cost of conventional and renewable-energy-powered desalination processes [J]. Renewable and Sustainable Energy Reviews,2013(24): 343-356.

[2] 国家统计局能源统计司. 中国能源统计年鉴 2013[M]. 北京:中国统计出版社,2013.

[3] 郭文书. 河北经济年鉴[M]. 北京:中国统计出版社,2018.

[4] Han M Y, Chen G Q, Li Y L. Global water transfers embodied in international trade: Tracking imbalanced and inefficient flows[J]. Journal of Cleaner Production,2018(184):50-64.

[5] Ayeleso A O, Kahn M T E. Modelling of a combustible ionised gas in

thermal power plants using MHD conversion system in South Africa[J]. J. King Saud Univ. Sci,2017(30): 367-374.

[6] 河北省人民政府. 河北经济年鉴[M]. 北京:中国统计出版社,2014.

[7] Lenzen M, Moran D, Kanemoto K, et al. Building Eora: a global multi-region input-output database at high country and sector resolution: Economic Systems Research[J]. Economic Systems Research,2013,25(1):20-49.

[8] Chen G Q, Chen Z M. Carbon emissions and resources use by Chinese economy 2007: A 135-sector inventory and input - output embodiment[J]. Communications in Nonlinear Science and Numerical Simulation, 2010, 15 (11): 3647-3732.

[9] Chen G Q, Shao L, Chen Z M, et al. Low-carbon assessment for ecological wastewater treatment by a constructed wetland in Beijing[J]. Ecological Engineering,2011,37(4):622-628.

[10] Lee M, Keller A A, Chiang P C, et al. Water-energy nexus for urban water systems: A comparative review on energy intensity and environmental impacts in relation to global water risks[J]. Applied Energy,2017(205): 589-601.

第 9 章

不同海水淡化技术工程项目体现水量比较分析

9.1 案例工程简介

截至 2017 年年底，中国已完成 136 个海水淡化项目，其中 68.43%为反渗透海水淡化项目，31.04%为 LT-MED 海水淡化项目，0.53%采用其他技术。这些项目主要分布在沿海地区，如浙江省和水资源严重受限的岛屿。在本章案例中，将分析施工阶段的用水量，包括日用水量为 200 m^3 的 RO 脱盐和日用水量为 25 000 m^3 的 LT-MED 脱盐。为了更好地进行比较，RO 脱盐项目和 LT-MED 脱盐项目的产量相同。根据惯例，脱盐项目的淡水产量按 20 年计算。

(1) 反渗透(RO)海水淡化项目

2018 年在浙江省舟山市建成日产量 2 000 t 的 RO 海水淡化项目，总建筑面积 1 810 m^2，项目建设全过程总投资 1 293 万元。施工投入清单详情见附表 13～16。通常情况下，反渗透脱盐通过半透膜在高渗压下将淡水与海水分离。由于反渗透膜的膜孔径较小(约为 0.5～10 nm)，因此可有效去除水中的溶解成分，如盐、胶体、微生物和有机物。通常，RO 脱盐系统的特点是设备设置简单、效率高、尺寸要求小、操作方便、污染水平相对较低、无相变要求、无热源要求、能耗相对较低、适应性强。海水淡化工程可进一步分为三个项目组成部分，包括建筑工程、安装工程和其他服务，安装工程进一步分为技术控制系统和电气控制系统。所采用的反渗透脱盐技术流程如图 9.1 所示。

(2) 低温多效蒸馏(LT-MED)海水淡化项目

LT-MED 海水淡化项目位于河北省黄骅市，利用 LT-MED 技术生产淡水资源。

该项目是最典型的 LT-MED 海水淡化项目之一，具有靠近渤海的优势。分析的低温多效项目为黄骅海水淡化三期工程，该项目建于 2013 年，总建筑面积 33 000 m^2，日产淡水 25 000 m^3。项目建设全过程总投资 21 796 万元。如第 7 章图 7.1 所示，低温多效处理技术在蒸发器中加热和蒸发海水，经过一系列步骤后将其冷凝以获得淡水。低温多效工艺海水淡化项目的相关数据来源于文献。

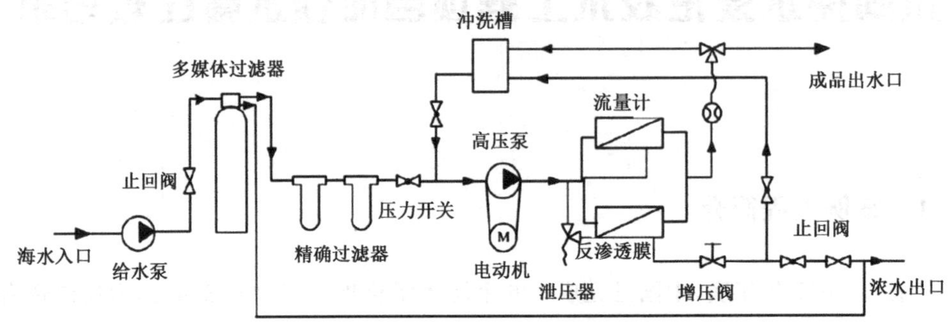

图 9.1　反渗透脱盐技术流程

9.2　方法与数据来源

9.2.1　系统核算分析方法

本案例分析利用过程分析方法揭示工程的详细体现水结构，以体现水的生态投入产出模型为基础，对海水淡化工程体现在生产链中的水资源消费量进行追溯，具体案例工程系统核算框图如图 9.2 所示。

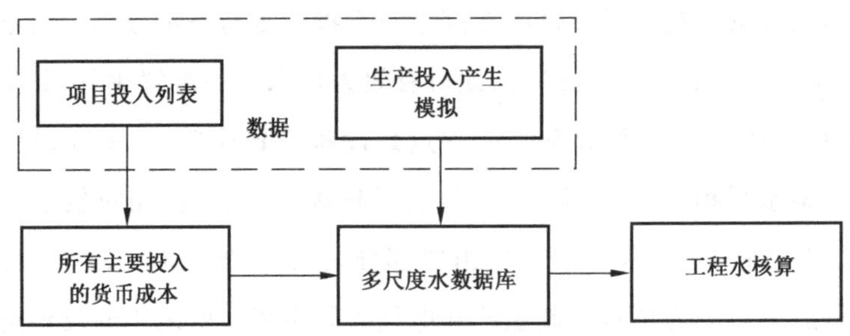

图 9.2　案例工程系统核算框图

（1）多尺度系统投入产出方法

体现水强度通过直接用水量及经济投入产出表之间的矩阵运算得到。考虑海水淡化工程处于浙江省区域经济内，区域经济内与区域经济外（世界经济与国家经济）的同类产品具有不同的体现生态要素，因此需要基于经济投入产出表建立体现水多尺度系统投入产出表的基本结构（见表 9-1）。

表 9-1　体现水多尺度系统投入产出表的基本结构

投入		产出				总产量
		中间投入	最终需求	国内调出	国外出口	
		部门 1……部门 n	部门 1……部门 n	部门 1……部门 n	部门 1……部门 n	
系统内输入	部门 1…部门 n	$Z^R_{i,j}$	C^R_i	ex^{RD}_i	ex^{RF}_i	x_i
国内输入	部门 1…部门 n	$Z^R_{i,j}$	C^F_i			
国外输入	部门 1…部门 n	$ZF_{i,j}$	C^F_i			
生态投入	淡水	$w_{k,i}$				

表中 $Z^R_{i,j}$ ——从系统内部门 i 到系统内部门 j 的中间投入经济流；$Z^F_{i,j}$ ——从世界经济部门 i 到系统内部门 j 的中间投入经济流；$Z^0_{i,j}$——从国家经济部门 i 到系统内部门 j 的中间投入经济流；C^R_i、C^D_i、C^F_i——系统内国家经济和世界经济部门 i 提供给系统内最终要求的经济流；ex^{RD}_i、ex^{RF}_i——系统内部门 i 输出到国家经济和世界经济的经济流；x^R_i —系统内部门 i 的总产出经济流；$w_{k,i}$ ——系统内部门 i 所消耗的第 k 种水资源量。

系统内部门 i 总经济产出 x^R_i 在经济流中遵循以下平衡关系：

$$x_i = \sum^n z^R_{i,j} + c^R_i + ex^{RD}_i + ex^{RF}_i \tag{9-1}$$

其中，系统内最终使用的经济流 $d^L_i = c^R_i + ex^{RD}_i + ex^{RF}_i$ 。

$\varepsilon^R_{k,j}$ 、$\varepsilon^D_{k,j}$ 、$\varepsilon^F_{k,j}$ ——区域经济、国家经济和世界经济部门 j 所产出商品的第 k 种水资源体现水强度；

in^{RD}_j 、in^{RF}_j ——从国家经济和世界经济部门 j 调入和进口到系统内部门 i 的经济流；

本章在考虑调入和进口经济流时，将不对中间投入和最终使用部分做具体划分。由此得到部门 i 的体现水资源平衡关系方程为：

$$w_{k,i}+\sum_{j=1}^{n}\varepsilon_{k,j}^{R}z_{j,i}^{R}+\sum_{j=1}^{n}\varepsilon_{k,j}^{D}in_{j}^{RD}+\sum_{j=1}^{n}\varepsilon_{k,j}^{F}in_{j}^{RF}=\varepsilon_{k,i}^{R}\left(\sum_{j=1}^{n}z_{i,j}^{R}+c_{i}^{R}+ex_{i}^{RD}+ex_{i}^{RF}\right) \tag{9-2}$$

将式(9-1)代入式(9-2)进行扩展，得到包含 i 个部门并具有种水资源的生态经济系统平衡方程：

$$W+\varepsilon^{R}Z^{R}+\varepsilon^{D}in^{RD}+\varepsilon^{F}in^{RF}=\varepsilon^{R}X \tag{9-3}$$

$$\varepsilon^{R}=(W+\varepsilon^{D}in^{RD}+\varepsilon^{F}in^{RF})(X\text{-}Z^{R})^{-1} \tag{9-4}$$

其中，$W=[w_{k,i}]_{m\times n}$，$\varepsilon^{R}=[\varepsilon_{k,i}^{R}]_{m\times n}$，$\varepsilon^{D}=[\varepsilon_{k,i}^{D}]_{m\times n}$，$\varepsilon^{F}=[\varepsilon_{k,i}^{F}]_{m\times n}$，$Z^{R}=[z_{i,j}^{R}]_{n\times n}$，$in^{RD}=[in_{i,j}^{RD}]_{n\times n}$，$in^{RF}=[in_{i,j}^{RF}]_{n\times n}$，$X=[x_{i,j}]_{n\times n}$，in which $in_{i,j}^{RD}=in_{j}^{RD}$，$in_{i,j}^{RF}=in_{j}^{RF}$，$x_{i,j}=x_{i}\ (i=j)$；$in_{i,j}^{RD}=0$，$in_{i,j}^{RF}=0$，$x_{i,j}=0$，$i\neq j$。

通过式(9-4)，可以计算出产品的体现水强度 ε。它不仅能表示生产过程中单位货币所消耗的直接和间接水资源量，而且能体现产品的货币价值和水资源消耗的内在关系。

(2) 系统过程分析

为了计算总耗水量，根据《国民经济产业分类》，每个项目可以通过社会生产链追溯到其相应的生产部门。一般情况下，根据体现水强度数据库，每个部门都有具体的体现水强度，每个项目的总用水量可以根据每个子项目相应的强度和经济成本来计算。假设脱盐项目中涉及的所有设备均基于多尺度体现强度清单进行计算，案例项目的多类型耗水量可计算如下(为了简化计算，各种使用材料相同的子项目需合并到相同的经济部门中，作为一个整体的经济成本进行总额计算)：

$$W=\sum_{i=1}^{n}W_{i}=\sum_{i=1}^{n}(\varepsilon_{i}\times c_{i}) \tag{9-5}$$

$$W_{d}=W/w_{d} \tag{9-6}$$

式中：c_i ——海水淡化工程投入清单项目对应 i 部门的经济成本；

ε_i ——i 部门的体现水强度；

W_i ——海水淡化工程第 i 部门的体现水消费量；

w_d ——日产水量；

W_d ——各子项目在相同日产水量下的用水量。

由于水资源的利用是淡水生产过程中所必须考虑的，因此，这对评估工程的生产能力尤为重要。在本案例中，引入以下两个指标：

$$R_{investment} = W_{required} / W_{desalted} \tag{9-7}$$

$$L_{productivity} = (W_{desalted} - W_{required}) / W_{desalted} \tag{9-8}$$

式中：$R_{investment}$ ——案例工程水资源投资率；

$L_{productivity}$ ——案例工程水资源生产率水平；

$W_{required}$ ——案例工程的用水总量；

$W_{required}$ ——案例工程全生命周期的产水能力。

9.2.2　数据来源

通过追溯涵盖所有经济产品的体现水强度数据库，对脱盐项目的水消耗进行系统核算。表 9.2 列出了工业部门的全称和缩写。

表 9.2　对脱盐项目的水消耗进行系统核算

RO		LT-MED	
部门	全称	部门	全称
13	非金属矿产品	12	化工产品相关产业
15	金属制品	13	非金属矿产品
16	通用设备	15	金属制品
17	特种设备	16	普通机械、专用设备
19	电器设备和机械	18	电气设备和机械
20	通信设备、计算机和其他电子产品	19	电子及通讯设备
21	仪器仪表	20	仪器仪表、文化办公机械
25	电力和热力生产供应	23	电力/蒸汽和热水生产供应
28	建设	25	淡水生产和供应
30	运输和仓库服务	26	建筑
35	租赁和商业服务	29	信息、计算机、软件
36	科研和技术服务	36	技术服务

由于中国 42 个行业的划分按年度发生变化，同一行业代码的名称也可能发生

变化。基于多尺度投入产出分析,可根据全球、国家和区域尺度的体现水强度数据库获得 42 个部门体现水强度的数据库。全球尺度数据库涵盖 189 个国家/地区 26 个部门的体现水强度,这些数据来自 Eora 数据库。全球体现水强度转换为 42 个部门,以确保数据与区域尺度数据的一致性。国家规模数据的计算基于之前的研究,包括全球体现水强度、中国的投入产出表和中国的直接用水数据。根据计算的体现水强度的历史趋势、生产者购买系数,利用浙江省和河北省的省级用水数据计算水资源利用率和平均体现水强度。根据《中国统计年鉴》中的水源划分,水资源分为农业生产、工业生产、家庭使用和生态保护。假设农业用水由耕种者直接提取用于灌溉农场,而用于工业生产、家庭使用和生态保护的水由水厂提取和预处理。由于数据有限,本案例分析仅考虑生产过程中消耗的地表水和地下水。

9.3 结果分析

9.3.1 RO 与 LT-MED 工程用水总量的比较

两个脱盐项目中最大的用水量是技术控制系统,RO 脱盐项目(64.53%)的比例相对高于 LT-MED 脱盐项目(60.12%)。建筑工程和电气控制系统在总用水量中占很大比例。总的来说,RO 脱盐项目施工阶段的总用水量主要归因于脱盐设备的安装。此外,安装工程(技术控制系统和电气控制系统)的总用水量远远大于其他工程,占 RO 脱盐工程总用水量的 78.36%。

通过对日产水量的结果进行归一化,表 9.3 给出了相同日产水量下 RO 和 LT-MED 脱盐项目的用水量。总体而言,LT-MED 海水淡化项目在整个施工阶段的总用水量是 RO 海水淡化项目的 18.26 倍。在子项目中,LT-MED 脱盐项目在相同日产水量下的总耗水量分别是 RO 脱盐项目的 23.97 倍、17.01 倍、12.02 倍和 27.03 倍,其他服务的差距最大,其次是建筑工程、技术控制系统和电气控制系统。

根据计算结果,RO 脱盐项目施工阶段的总用水量为 3.96E+04 m^3,是直接用水量 3.26E+03 m^3 的 12 倍多。在制定施工阶段的节水政策时,有必要促进工程系统的节水。此外,反渗透脱盐工程中用水量最大的子项目为技术控制系统。其中,水密集型材料和系统部件(水泵、变频器和能量回收装置)至关重要。根据结果,表 9.4 总结了耗水量较大(超过 5.0E+02 m^3)的材料,其中材料和成分集中在建筑工程和技术控制系统中，这与 LT-MED 脱盐项目一致。RO 和 LT-MED 脱盐项目的用水量如表 9.5 所示。反渗透脱盐项目中，技术控制系统反映了最大的用水量，其中不同类型的用水量比例分别为农业生产的 40.01%、工业生产的 35.36%、家庭使用的 23.15%和生态保护的 1.48%。根据 LT-MED 脱盐项目的评估，工业生产是两个项目中最大的用水类型，分别占 53.00%和 54.22%，生态用水最小，与其他用水类型相比几乎可以忽略不计。然而，农业生产和家庭用水的耗水量存在差异。RO 海水淡化项目中农业生产用水比例（9.97%）是家庭用水（15.73%）的近两倍，LT-MED 海水淡化项目中家庭用水比例（41.81%）远高于农业用水。

表 9.3　相同日产淡水量下 RO 和 LT-MED 脱盐项目的用水量

子项目	RO	LT-MED
总体	19.75 m^3	360.67 m^3
建筑工程	3.48 m^3	83.42 m^3
技术控制系统	12.74 m^3	216.77 m^3
电气控制系统	2.73 m^3	32.81 m^3
热控制系统	—	6.05 m^3
其他服务	0.80 m^3	21.62 m^3

表 9.4　耗水量较大（超过 5.0E+02 m^3）的材料

RO		
子项目	消耗	材料/部件
技术控制系统	>4.00E+03 m^3	能量回收装置（4.92E+03 m^3）、 反渗透脱盐装置（8.51E+03 m^3）
技术控制系统及应用	2.00E+03 m^3～ 4.00E+03 m^3	RO 高压泵（2.53E+03 m^3）、 系统管道、阀门（3.08E+03 m^3）、 水箱（3.45E+03 m^3）

续表 9.4

RO		
子项目	消耗	材料/部件
所有子项目	1.00E+03 m^3～2.00E+03 m^3	配电系统(1.06E+03 m^3)、压力提升泵(1.09E+03 m^3)、安装、调试和安装人员培训(1.12E+03 m^3)、电动阀、高低压开关和液位控制(1.22E+03 m^3)、仪表和控制装置(1.40E+03 m^3)、一般土木工程
		(1.55E+03 m^3)、多媒体过滤器(1.65E+03 m^3)
LT-MED		
技术控制系统	>1.00E+05 m^3	水泵和变频器(2.93E+05 m^3)
技术控制系统及应用、建筑工程	5.00E+04 m^3～1.00E+05 m^3	一般土木工程项目(6.46E+04 m^3)、海水淡化系统和辅助设施设备(7.91E+04 m^3)
技术控制系统、建筑工程及其他服务	2.00E+04 m^3～5.00E+04 m^3	电缆桥架支架(1.28E+04 m^3)、施工保护工程(1.33E+04 m^3)、其他日常服务(1.35E+04 m^3)、综合保护和监测装置(1.62E+04 m^3)、水池(1.74E+04 m^3)、6 kV 厂用电源设备(1.94E+04 m^3)

表 9.5　RO 和 LT-MED 脱盐项目的用水量

RO					
用水子项目	农业生产	工业生产	家庭用水	生态保护	总量
建筑工程	2.80E+03	2.47E+03	1.62E+03	1.03E+02	6.99E+03
技术控制系统	6.75E+03	1.50E+04	3.62E+03	3.17E+02	2.55E+04

续表 9.5

RO					
用水子项目	农业生产	工业生产	家庭用水	生态保护	总量
电气控制系统	1.55E+03	3.08E+03	7.68E+02	6.60E+01	5.47E+03
其他服务	9.35E+03	3.90E+02	2.18E+02	2.64E+01	1.57E+03
总消费量	1.19E+04	2.10E+04	6.22E+03	5.12E+02	3.96E+04
比例	29.97%	53.00%	15.73%	1.29%	100%
LT-MED					
建筑工程	4.26E+03	9.04E+04	7.18E+04	6.82E+02	1.67E+05
技术控制系统	1.65E+04	2.36E+05	1.79E+05	1.92E+03	4.34E+05
电气控制系统	2.23E+03	3.60E+04	2.71E+04	2.70E+02	6.56E+04
热控制系统	8.32E+02	6.45E+03	4.76E+03	5.87E+01	1.21E+04
其他服务	1.71E+03	2.30E+04	1.84E+04	1.96E+02	4.32E+04
总消费量	2.25E+04	3.91E+05	3.02E+05	3.13E+03	7.22E+05
比例	3.54%	54.22%	41.80%	0.43%	100%

9.3.2 RO 与 LT-MED 工程子项目用水量的比较

为了对两个不同的海水淡化项目进行比较分析，本研究分析了 2 000 m^3/天的反渗透海水淡化项目，并在相同的日产水量下，将耗水量与 LT-MED 海水淡化项目进行了比较。

(1) 建筑工程

图 9.3 显示了建筑工程的用水结构。在 RO 脱盐项目中，建筑工程的总用水量达到 6.99E+03 m^3，其中水池占用水量的近一半(3.45E+03 m^3)，其次是一般土木工程，占总数的 22.14%。在日产水量相同的 LT-MED 项目中，建筑工程体现用水量为 1.67E+05 m^3，其中一般土建工程体现用水量为 6.46E+04 m^3，占 41.21%。

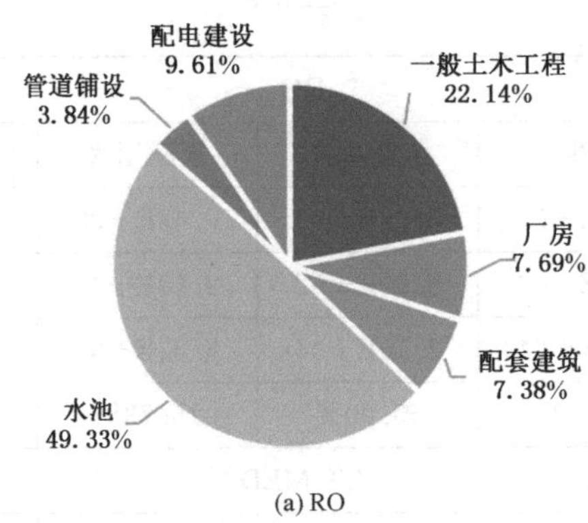

(a) RO

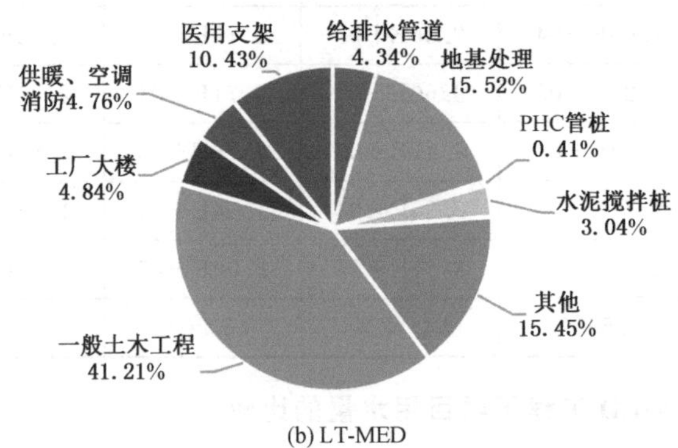

(b) LT-MED

图 9.3　建筑工程的用水结构

RO 和 LT-MED 脱盐项目的组成部分包括一般土木工程、厂房、水池和管道铺设施工。在相同的日产水量下，LT-MED 脱盐项目比 RO 脱盐项目消耗的水资源量相对较大。此外，与 LT-MED 脱盐项目相比，RO 脱盐项目的施工阶段包括额外的配套建筑，主要是由于特殊的空间要求和高压泵的单独空间要求。

(2) 技术控制系统

图 9.4 显示了技术控制系统中的用水结构。总的来说，技术控制系统在 RO 脱盐项目施工阶段的耗水量最大，为 2.55E+04 m^3，而在同样日产水量的 LT-MED 脱盐项目中，耗水量达到 4.34E+05 m^3。如图 9.4 所示，RO 脱盐项目的系统设备为主要设计组成部分，总用水量为 1.35E+04 m^3，占技术控制系统的 52.93%。此外，水泵和变频器的用水量为 6.10E+03 m^3，占用水量的 23.92%，其中高压 RO 泵在本工程中所占比例最大，占用水量的 41.43%。对于 LT-MED 项目，水泵和变频

器占总用水量的 67.46%，在该子项目中排名第一。

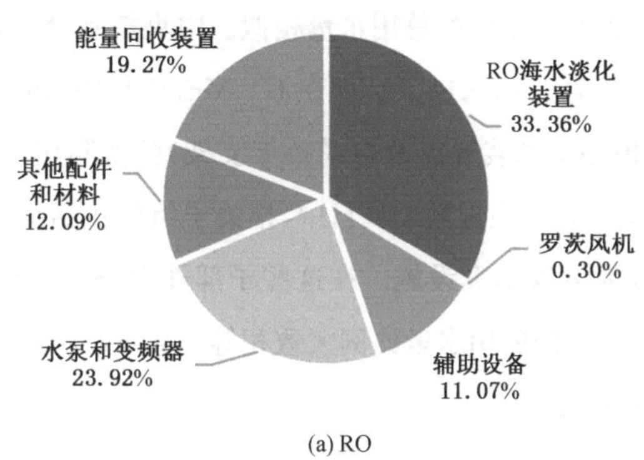

(a) RO

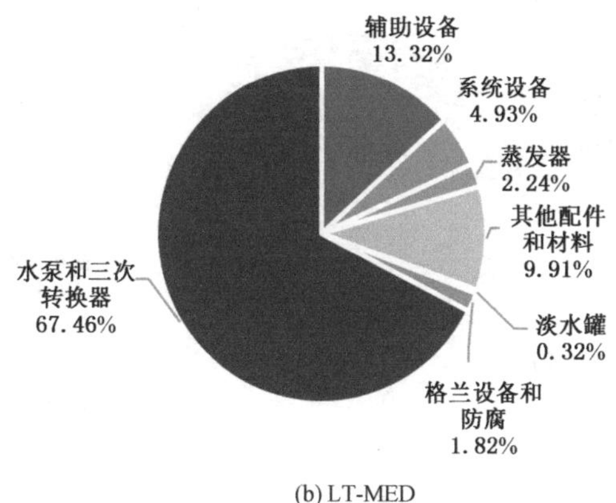

(b) LT-MED

图 9.4　技术控制系统中的用水结构

比较 RO 和 LT-MED 脱盐项目技术控制系统的用水结构，主要区别在于 RO 脱盐项目中缺少蒸发器、起重机设备、防腐处理和水箱。同时，系统设备、水泵和变频器在技术控制系统中所占的比例差异很大。注意，在反渗透脱盐项目中，系统设备所占比例超过 50.00%，但由于反渗透脱盐的核心作用，LT-MED 脱盐项目中的比例仅为 4.93%。此外，LT-MED 脱盐项目中水泵和变频器的比例(67.46%)远高于 RO 脱盐项目(23.92%)。

(3) 电气控制系统

图 9.5 显示了电气控制系统中的用水结构。RO 和 LT-MED 项目电气控制系统的用水量分别为 5.47E+03 m^3 和 6.83E+04 m^3。RO 项目电气控制系统的投入清单主要包括中央控制及监控控制台、计算机 PLC 系统、配电系统、其他电缆辅助设施、仪表及控

制装置、电动阀门、高低压开关、液位控制以及其他安装材料。仪表和控制装置、电动阀、高低压开关、液位控制和配电系统的总用水量相似。中央控制台和其他电缆辅助设施的总用水量相当，分别占 6.73%和 6.68%。而在 LT-MED 项目中，电气控制系统三个组成部分(厂用电、综合保护和监测装置以及电缆桥架支架)的实际用水量比例相似，分别为 29.64%、24.65%和 19.51%。在这两个项目中，相关子组件包括控制/监控系统、配电系统、低压开关控制和其他电缆辅助设施。在这些子部件中，电气控制系统中 RO 和 LT-MED 脱盐项目中的配电系统的用水量比例大致相等。而 RO 项目中低压开关控制的比例几乎是 LT-MED 项目的两倍。

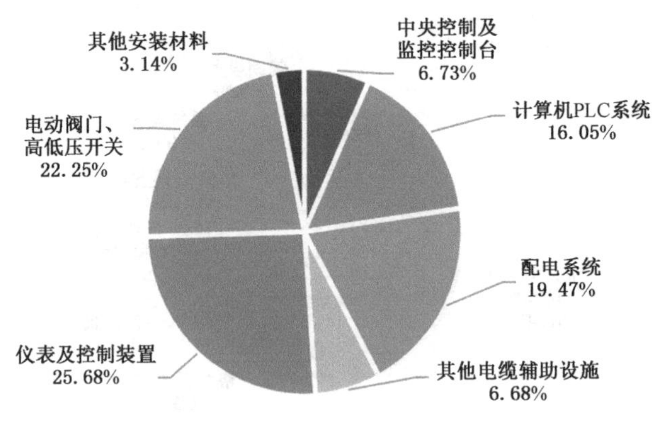

(a) RO

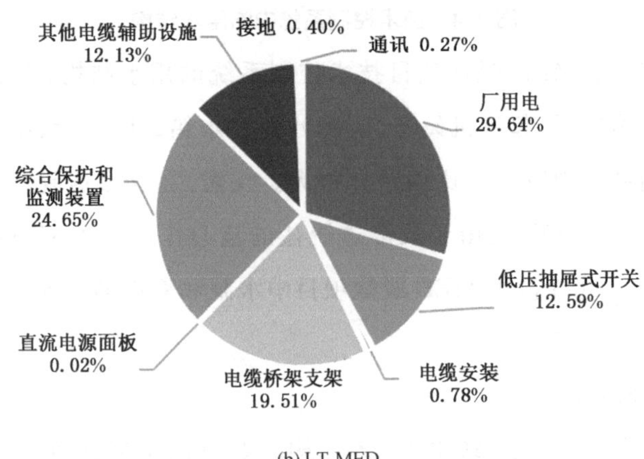

(b) LT-MED

图 9.5　电气控制系统中的用水结构

（4）其他服务

图 9.6 显示了其他服务中体现的用水结构。RO 工厂的其他服务主要包括设备包装、运输费用、现场设备及安装、调试和人员培训。在安装组件中，调试和人员培训消耗的水资源量最大，为 1.12E+03 m^3，占其他服务总用水量的 71.27%。LT-MED 工厂中，用水量最大的项目施工技术服务占 56.46%。根据两个项目的比较，涉及专业人才和服务的其他服务用水量所占比例均较大，包括与设备调试相关的用水量。

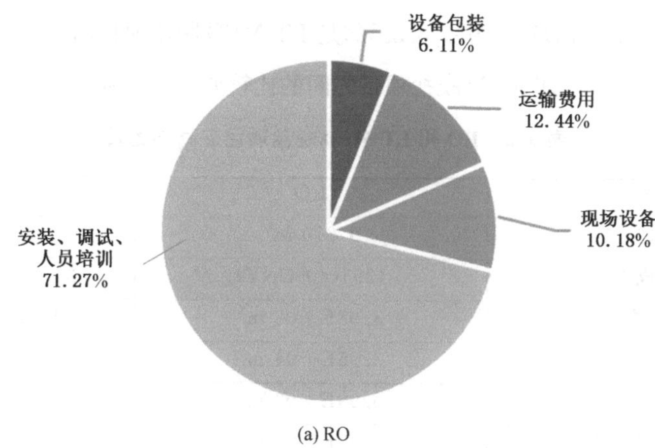

(a) RO

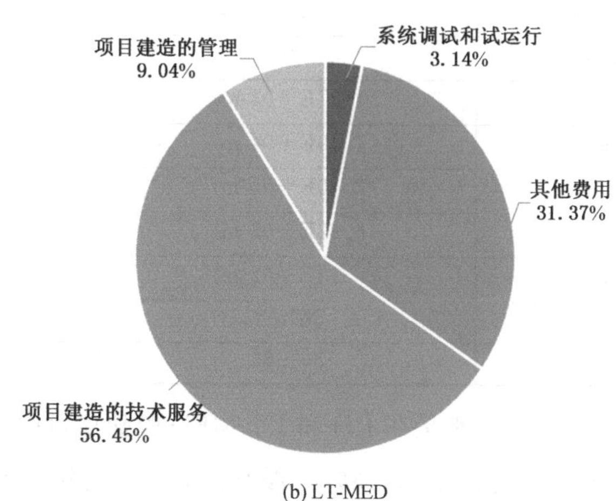

(b) LT-MED

图 9.6　其他服务中体现的用水结构

9.4 讨论

在本案例中,从体现水的角度对RO和LT-MED脱盐项目进行了分析和比较。就投资而言,RO脱盐工艺的经济成本相对低于LT-MED项目。在用水量方面,热法LT-MED脱盐工艺施工阶段的直接用水量是膜法的3.22倍。从总用水量来看,反渗透脱盐工程总体上节约用水,反渗透工程中建筑工程、技术控制系统、电气控制系统和其他服务用水量仅占5.48%、4.18%、5.89%、8.33%,是LT-MED脱盐项目用水量的3.63%,热控系统无用水量。RO和LT-MED脱盐项目之间的比较如表9.6所示。

表9.6 RO和LT-MED脱盐项目之间的比较

数值	RO	LT-MED
占地	1 810 m^3	33 000 m^3
建筑成本	1293(10^4 CNY)	21.796(10^4 CNY)
直接用水量	3.98E+03 m^3	1.28E+04 m^3
总耗水量	3.96E+04 m^3	7.22E+05 m^3
建筑工程用水量	6.99E+03 m^3	1.67E+05 m^3
技术控制系统	2.55E+04 m^3	4.34E+05 m^3
电气控制系统用水量	5.47E+03 m^3	6.56E+04 m^3
热控系统的耗水量	0	1.21E+04 m^3
其他服务用水量	1.57E+03 m^3	4.32E+04 m^3
农业用水量	1.19E+04 m^3	3.91E+05 m^3
工业用水量	2.10E+04 m^3	3.02E+05 m^3
居民用水量	6.22E+03 m^3	2.55E+04 m^3
生态用水量	5.13E+02 m^3	3.13E+03 m^3
投资率	369∶1	20∶1
生产力水平	367.69	19.29

同时,技术控制系统的耗水量在RO和LT-MED脱盐项目中都是最大的,这主要是由于子组件种类繁多且成本高。其中,涉及行业主要为第二产业,工业用水量占主导地位。然而,最大的用水类型不同,RO脱盐项目主要使用工业用水,而LT-MED脱盐项目主要使用农业用水。从投资率和生产率水平来看,RO工艺的指标值远大于LT-MED工艺,表明仅考虑施工阶段时,RO工艺的耗水量水平明显低于LT-MED工艺。

表 9.7 对两个海水淡化项目的实际用水量进行了分类。根据两个项目的水密集型行业分布，尽管水密集型行业基本相同，但用水量存在巨大差异。RO 脱盐项目在施工阶段的用水量远远低于 LT-MED 脱盐项目在相同的日产水量下的用水量。在 RO 和 LT-MED 脱盐项目中，最明显的用水部门是通用和专用设备制造业，分别占 64.00% 和 53.01%。第二大行业是建筑业，两项目分别占 9.09% 和 18.30%。与 LT-MED 脱盐项目相比，RO 脱盐项目还包括运输、仓储和邮政业以及租赁和商业服务业，比例相对较小（分别为 0.52% 和 0.26%）。由于其自身的工艺特点，在化工及电力、热力生产和供应行业中占有一席之地。

表 9.7　两个海水淡化项目的实际用水量分类

部门	RO	比例	部门	LT-MED	比例
非金属矿产品	1.73 m^3	8.99%	非金属矿产品	12.87 m^3	3.57%
施工	1.75 m^3	9.09%	施工	66.00 m^3	18.30%
通用设备制造业	5.14 m^3	26.70%	通用和专用设备制造业	191.19 m^3	53.01%
特种设备制造业	7.18 m^3	37.30%	电机及设备制造业	5.86 m^3	1.62%
电机和设备制造业	1.74 m^3	9.04%	金属制品	37.61 m^3	10.43%
金属制品	0.99 m^3	0.47%	机械制造业的仪器与文化	12.65 m^3	3.51%
仪器制造业	1.13 m^3	5.87%	综合技术服务业	14.84 m^3	4.11%
科学研究和技术服务业	0.15 m^3	0.78%	通信设备、计算机和其他电子设备装备制造业	0.76 m^3	0.21%
通信设备、计算机和其他电子设备装备制造业	0.19 m^3	0.99%	信息传输、计算机服务和软件工业	0.09 m^3	0.02%
运输、仓储和邮政服务	0.10 m^3	0.52%	化学工业	9.07 m^3	2.51%
租赁和商业服务	0.05 m^3	0.26%	电力和热力的生产和供应	9.73 m^3	2.70%

就子项目而言，RO 脱盐项目中涉及建筑工程用水量的部门少于 LT-MED 项

目，不包括化学工业、金属产品和通用及专用设备制造业。此外，反渗透脱盐项目非金属矿产品用水量与建筑工程建设用水量相当，日用水量分别为 1.73 m^3 和 1.75 m^3。LT-MED 海水淡化项目建筑工程用水量中，建筑工程占最大比例(70.68%)，不涉及 RO 海水淡化项目的金属制品占第二大比例(13.88%)。在技术控制系统中，与 LT-MED 工艺相比，RO 脱盐工艺涉及的部门较少，通用和专用设备制造业的用水量分别为 12.32 m^3 和 189.41 m^3，电机和设备制造业用水量分别为 0.42 m^3 和 1.60 m^3。电气控制系统中 RO 和 LT-MED 脱盐项目之间的用水量差距主要是由通用和专用设备制造业造成的。

通常，反渗透脱盐工艺可应用于岛屿地区，而 LT-MED 脱盐工艺通常用于拥有充足火力发电厂的沿海地区。在日产水量相同的情况下，RO 海水淡化项目在施工阶段的用水量远小于 LT-MED 海水淡化项目。在运行阶段，LT-MED 脱盐项目有潜力将火力发电厂产生的废热用于水电联产，可大大降低投资成本和水资源消耗。对于反渗透脱盐项目，大多数设备需要定期维护和更换，这需要更多的努力来维护反渗透过程。就脱盐能力而言，反渗透脱盐工艺可应用于从小型、中型到大型的更广泛范围，而 LT-MED 的单一能力约为 3 000 m^3/天。但是，如果没有热电厂的组合，反渗透脱盐工艺的选择更具有经济价值和发展前景。考虑到不同项目的优缺点，应因地制宜合理采用相关脱盐工艺。

根据中国国家海水利用报告，截至 2018 年年底，中国已完成 142 个海水淡化项目，总规模为 120 174 1m^3/天。从系统角度来看，可以根据节水评估进一步调整海水淡化行业的供应链，并应仔细选择与海水淡化相关的关键技术、设备和材料，以平衡水的生产和消费。在项目实施过程中，还应考虑用水结构和多行业联系，这从直接的角度和具体的角度来看，都对节约用水具有重大意义。

9.5 小结

本章以我国的 RO 和 LT-MED 海水淡化项目为案例，在系统核算分析的基础上，对海水淡化项目的用水量进行了系统核算，并对 RO 和 LT-MED 海水淡化项目的用水量进行了比较。总体而言，计算了 RO 和 LT-MED 脱盐项目在施工阶段的实际用水总量，分别为 3.96E+04 m^3 和 7.22E+05 m^3。技术控制系统的耗水量在

RO 和 LT-MED 脱盐项目中都是最大的，这主要是由于子组件种类繁多且成本高。然而，用水量最大的水资源类型不同，RO 脱盐项目主要使用工业用水，而 LT-MED 脱盐项目主要使用农业用水，因此相应部门需要不同的节水政策。

与热脱盐项目相比，膜脱盐项目在施工阶段的经济成本和节水方面更具优势。在运行阶段，LT-MED 项目比 RO 脱盐项目具有更多优势。LT-MED 项目可以利用火力发电厂的余热，这大大降低了实际用水量。反渗透脱盐项目需要定期维护和更换反渗透膜等材料，这大大增加了实际用水量。在考虑这两种脱盐工艺时，建议相关部门同时考虑当地的实际需求和水资源条件。

近年来，中国推动海水淡化自主技术应用，增强自主创新能力，支持中国海水淡化产业发展。相比之下，反渗透海水淡化工程在施工阶段节水和经济成本方面更具优势，为海水淡化技术的选择和工程建设提供了有益的参考。鉴于这两种工艺的特点，尤其是在运行阶段考虑到火力发电厂，LT-MED 脱盐项目比 RO 脱盐项目更具有优势。基于海水淡化项目之间的比较，海水淡化项目的评估有可能为加强水资源的合理配置、制定节水政策以及促进全球经济和社会可持续发展提供重要参考。

参考文献

[1] 中国自然资源部. 国家海水利用报告[EB/OL]. 北京，自然资源部：2018. gi. mnr. gov. cn/201812/t20181224_2381791. html.

[2] Wei W，Zhang P，Yao M，et al. Multi-scope electricity-related carbon emissions accounting：A case study of Shanghai[J]. Journal of Cleaner Production，2019(252)：119-789.

[3] Amy G，Ghaffour N，Li Z Y，et al. Membrane-based seawater desalination：present and future prospects[J]. Desalination，2017(401)：16-21.

[4] Liu S Y，Zhang G X，Han M Y，et al. Freshwater costs of seawater desalination：Systems process analysis for the case plant in China[J]. J. Clean. Prod，2019(212)：677-686.

[5] Li Y L，Han M Y，Liu S Y，et al. Energy consumption and greenhouse gas emissions by buildings：a multi-scale perspective[J]. Build. Environ，2019(151)：240-250.

[6] 中国国家统计局. 国家生态系统的产业分类-经济活动[EB/OL]. 北京：中国统计出版社，2017，www. stats. gov. cn/tjsj/tjbz/hyflbz/.

[7] 世界数据中心. 中国海水淡化产业及发展前景研究报告[EB/OL]. 北京：海洋数据中心，2018，www. chinabaogao. com/.

[8] 浙江省水利厅. 浙江水资源[EB/OL]. 浙江：浙江水资源出版社，2012，www. zjwater. gov. cn/col/col1567264/index. html.

[9] 浙江省水利厅. 浙江水资源 [EB/OL]. 浙江：浙江水资源出版社，2018，www. zjwater. gov. cn/col/col1567264/index. html.

第 10 章

中国海水淡化工程水平衡分析

中国已建立的海水淡化工程虽然有效缓解了沿海地区淡水资源紧缺的问题,但对于内陆地区的影响却收效甚微,因此,有必要对中国所有重要海水淡化工程整体进行详细的水平衡分析,从国家水资源发展战略上统筹调整和规划水资源的使用,这对于解决全国范围内的缺水问题尤为重要。本章采用系统分析法,以河北省黄骅港 2.5 万 t/d 低温多效蒸馏工艺(LT-MED)海水淡化厂和浙江省舟山市 2 000 t/d 反渗透工艺(RO)海水淡化厂的核算结果数据为基础,对中国 28 个沿海城市的全部海水淡化工程体现水消耗量进行核算,采用粒子群优化算法对最优调水路径进行总体规划。本研究中所体现的水平衡核算数据有助于国家从全国范围的宏观视角调配淡水资源,合理制定水资源贸易政策和节水策略,缓解内陆地区的水资源压力,对全国范围内的水平衡调控也具有重要的指导意义。

10.1 概述

淡水资源紧缺已经成为全球性问题,而中国则是最为典型的严重缺水国家之一,淡水资源的缺乏已经严重影响中国的经济发展,而随着人口的不断增长,淡水的需求量也在不断增加,对于中国这样一个人口大国,水资源短缺更是危及每个人的生存需求。近年来,中国经济高速发展,水资源过度开发,而且还存在着时域、空间分布不平衡的特征,时空上的分布特征为“东多西少,南多北少”,因此对水资源区域差异性问题的研究集中于南北方的区域划分。此外,我国水资源还存在着严重的水资源浪费现象和水污染现象。为缓解淡水资源使用压力,我国采取了一系列措施,如:实施严格的水管理系统,对系统规定水效率目标,调整一、二、三产业内部结构,实现节水目标，在全国范围内实施跨流域调水(如南水北调工程)、开发利用不可用水(海水淡化)、号召人们解决用水和重复利用、防治水污染等，针对水资源短缺问题也已制定了明确的国家发展战略，解决缺水问题已经迫在眉睫。其中海水淡化工程已经取得了较大突破，截至2018年，根据全国海水利用报告统计，海水淡化工程全国总规模已经达到了1 201 741 t/d，我国已经有能力自主建成日产万吨级海水淡化装置，淡化水成本也已逐渐接近居民日常用水价格，大规模的淡化水已经成为中国淡水资源的重要来源和自然淡水资源的可替代性产品，同时海水淡化工程也成为缓解沿海城市水资源供需矛盾的重要解决办法。

为了加快推动海水淡化工程的发展，2012年我国先后出台《关于加快发展海水淡化产业的意见》《海水淡化产业十二五规划》，提出海水淡化日产能力的目标，随后，发改委公布海水淡化产业发展试点单位名单，有关方面成立了国家海水淡化产业联盟。2015年，《水污染防治行动计划》(水十条)提出推动海水利用、加快推进淡化海水作为生活用水补充水源。我国十三五规划纲要提出海水淡化规模性应用。目前，我国沿海城市人口较多，沿海地区的城市化、经济发展和工业发展先进于内陆地区，导致沿海地区的水资源压力很大，水资源的供需不平衡正在恶化，从而推进了海水淡化的发展。随着海水淡化技术的进步、资金投入的不断增加和政策的大力支持，海水淡化正在迅速发展，使得沿海地区的缺水问题得到了一定的缓解，但是我国内陆地区的缺水问题依然很严峻。

水资源是社会发展的基础，在我国，水资源供需矛盾越来越突出，全国669个城市中有400个供水不足、110个严重缺水，北京、天津、宁夏、河南、山西等地区缺水最为严重，国务院明确提出水资源核算在水资源管理中应成为一种有效的工具。联合国统计局与伦敦环境核算组开发了水环境-经济核算体系(SEEAW)用于国家水政策的发展、水价、水分配输入输出分析等问题。尽管已经进行了大量相关研究，但以往关于工程用水量的研究主要集中在直接用水量上，而对间接用水量的研究较少。目前，已经有部分对于海水淡化工程建造阶段间接用水进行研究的文献，进一步体现了间接用水的重要性。

海水淡化工程在国内外都在不断地向规模化、大型化发展。目前，海水淡化产业已经覆盖全球150多个国家和地区，尤其在一些水资源短缺的中东地区和岛屿地区，海水淡化的发展更为快速。我国在多年的研究中，在海水淡化装置和技术水平上都得到了很大的提升，不过在海水淡化市场的需求潜力和淡化装置的供应上还存在着不平衡。虽然世界各国的海水淡化技术发展得都非常快，对于海水淡化的研究也进行了很多翔实的分析，但是基于系统分析法，针对我国全国范围内的沿海城市水资源的统一核算、分析，以及从时间和空间多尺度多视角来探讨沿海省份海水淡化体现水的水平衡分析的研究仍属空白。

在此背景下，本研究采用了系统分析法，通过将过程分析法与投入产出分析法相结合进行核算，以日产水量为 2 000 t 的舟山反渗透(RO)海水淡化厂和日产水量为 2.5 万 t 的黄骅低温多效(LT-MED)海水淡化厂的核算结果数据为基础，分别对河北省、天津市、辽宁省、江苏省、浙江省、福建省、山东省、广东省以及海南省这 9 个沿海省份和直辖市中的共 28 个城市，对我国沿海海水淡化工程的体现水消耗量进行了核算，从不同城市海水淡化工程可获取量、缓解效率、缓解度和供需均衡的区域差异这四个角度进行分析，通过对我国水资源的区域差异和供需均衡进行讨论，利用粒子群优化算法得出水资源全面调配的最优路径。

10.2　方法和数据来源

10.2.1　基础数据整合方法

(1) 生产部门和体现水强度

本研究根据系统投入产出表及其平衡关系，采用单尺度投入产出分析，分别计算出 9 个沿海省份和直辖市在 2002 年、2007 年和 2012 年的间接体现水强度数据，体现水强度数据共包括农业生产、工业生产、居民生活和生态环境 4 种类型。将中国海水淡化的工程项目分为两类工程：反渗透技术工程和低温多效蒸馏技术工程。在本研究开展前，需要在过程分析的基础上进行项目清单的整理，在涉及的投入清单中，只对工程的建造阶段进行核算。为了计算体现水消耗的总量，根据国民经济产业分类，每个项目可以通过社会生产链追溯到相应的具体生产部门，将性质相近的工程项目合并到相同的经济部门下，作为一个整体来计算，可以进一步简化核算过程。用现有的案例工程，即 2018 年浙江舟山溗泗县 2 000 t 的 RO 工程和 2013 年河北黄骅电厂 2.5 万 t 的 LT-MED 工程，将 RO 技术工程归纳为建筑工程、工艺系统工程、电气系统工程、其他及服务四类；LT-MED 技术工程归纳为建筑工程、工艺

系统工程、电气系统工程、热控系统工程、其他及服务五类。

根据已经计算出的各省份和直辖市体现水强度数据库，每一个生产部门都有相对应的体现水强度数据，从而可以对每一个子工程项目进行强度的计算，两个案例工程中 RO 技术工程分为 4 个子工程项目的体现水强度，LT-MED 蒸馏技术工程分为 5 个子工程项目的体现水强度，以 RO 技术工程中的子工程项目——建筑工程为例，若它的消费来源于 n 个部门，则第 k 类水资源第 i 个部门的体现水强度为 β_i^k，由此可得建筑工程第 k 类水资源总的平均体现水强度为：

$$\bar{\beta}_i^k = \sum_{j=1}^{n} \left(\frac{r_j}{\sum_{j=1}^{n} r_j} \times \beta_i^k \right) \tag{10-1}$$

其中，r_j 代表第 j 个部门的总产出。用同样的方法可求得其他子工程项目的体现水强度，以及低温多效蒸馏技术工程各子工程项目的体现水强度。

(2) 所有工程子项目体现水强度

因投入产出表发布在 2002 年、2007 年和 2012 年，所以由以上计算只可求得这三年的海水淡化工程各子工程项目的体现水强度，为了求得 2002～2018 年所有海水淡化工程的子工程项目的体现水强度，通过数据拟合的方法进行计算。根据中国统计年鉴可知每个省份每一年农业用水、工业用水、居民用水、生态用水这四类用水类型的总量，直接水资源强度为单位 GDP 下的直接用水量。为使直接体现水强度与间接体现水强度数据形式保持一致，可通过公式(10-2)进行计算：

$$\varepsilon_k = \sum_{i=1}^{42} \frac{x_i}{\sum_{i=1}^{42} x_i} \varepsilon_{ki} \tag{10-2}$$

其中，各部门总产出是 x_i，各部门总产出之和是 $\sum_{i=1}^{42} x_i$，第 k 种水资源第 i 部门的体现水强度为 ε_{ki}，第 k 种水资源的体现水强度为 ε_k。再利用公式(10-2)可计算出子工程项目的直接体现水强度。将 9 个省份以及直辖市的两种体现水强度数据分别建立线性回归方程，对直接和间接体现水强度数据进行数据拟合，得出各个省份和直辖市的农业用水、工业用水和生活用水的拟合方程为 $y=1/(a+bx)$，其中 x 为年份，y 为体现水强度，a，b 为系数，而生态用水量较小，不满足以上方程，其得到的拟合方程为 $y=\exp(a+bx)$，利用直接和间接体现水强度数据的回归方程做出二维坐标曲线图，可以得到体现水强度随时间的变化趋势曲线。

10.2.2　系统过程分析法

本研究运用系统投入产出分析与过程分析相结合的方法，对我国沿海城市所有海水淡化工程的体现水消耗量进行了系统核算。为了提高方法的可操作性、提高数据的准确性，本研究以中国统计年鉴、中国城市统计年鉴水资源情况数据表为基础进行研究。

各省份统计局发布的经济投入产出表反映了各省份经济的系统结构和产业互动。参考系统单尺度投入产出分析，水资源流的生态系统投入产出物理平衡关系描述为：

$$F_{k,i}+\sum_{j=1}^{n}\varepsilon_{k,j}z_{j,i}=\varepsilon_{k,j}\left(\sum_{j=1}^{n}z_{i,j}+f_i-D_i\right) \tag{10-3}$$

其中，$F_{k,i}$ 是系统内部门 i 所直接消耗的第 k 种水资源量，$z_{j,i}$ 表示从系统内部门 j 投入到系统内部门 i 的经济流，f_i 表示系统内经济部门 i 提供给系统内最终消费的经济流，D_i 是系统内部门 i 调入和进口的经济流，$\varepsilon_{k,i}$ 和 $\varepsilon_{k,j}$ 分别表示区域经济部门 i 和 j 所产出商品的第 k 种水资源体现水强度。

式(10-3)可进一步写成：

$$F_{k,i}+\sum_{j=1}^{n}\varepsilon_{k,j}z_{j,i}=\varepsilon_{k,i}x_i \tag{10-4}$$

$$x_i=\sum_{j=1}^{n}z_{i,j}+f_i-D_i \tag{10-5}$$

其中，x_i 为经济部门 i 的总经济产出。

将式(10-4)用矩阵表示为：

$$\boldsymbol{\varepsilon}=\boldsymbol{F}(\boldsymbol{X}-\boldsymbol{Z})^{-1} \tag{10-6}$$

其中，$\boldsymbol{F}=[F_{k,i}]_{m\times n}$，$\boldsymbol{\varepsilon}=[\varepsilon_{k,i}]_{m\times n}$，$\boldsymbol{Z}=[z_{i,j}]_{n\times n}$，对角矩阵 $X=[x_{ij}]_{n\times n}$，当 $i,j\in(1,2,\cdots,n)$ 时，$x_{i,j}=x_i(i=j)$，$x_{i,j}=0(i\neq j)$ 。从而求得每个省份的体现水强度，ε 体现了每个省份的产品货币价值和水资源使用之间的内在关系。

此处以浙江省舟山市 2 000 t/d 反渗透技术投资概算清单为例，分别将 4 个子项目工程的费用进行合并，假设海水淡化工程的规模与费用呈线性关系，按照工程规模的比例估算出不同年份不同规模的同工艺类别的工程投资概算清单，海水淡化工程规模之比为案例工程的产水规模与同工艺类别待求工程的产水规模之比，子项

目费用之比为案例工程项目清单各子项目费用与待求同工艺类别其他工程项目清单各子项目费用之比，利用其线性关系，可求得待求工程项目清单各子项目的费用。

由此可用下面的公式求得每个工程项目的体现水使用量：

$$W_{i,k}=Q_{ij}^{k}\times\beta_{i,k} \tag{10-7}$$

式中，$Q_{i,j}^{k}$ 为部门 i 第 k 种水资源子项目对应当年的费用，$\beta_{i,k}$ 为部门 i 第 k 种水资源的间接体现水强度。

由于此反渗透项目清单是按照 2018 年价格给出的，现以 2000 年为基准（折算系数为 1），首先将待求同工艺类别各子项目的费用折算为在 2000 年的费用，再将其乘以对应年份的折算系数，从而推算出待求工艺类别其他工程项目清单各子项目对应当年的费用。

10.2.3 区域差异性分析方法

为了衡量各地区之间的水资源区域差异，本章采用 Theil 指数测量各城市不同年份的水资源利用的非均衡性，Theil 指数方法是在研究区域差异问题时常用的方法，此方法最早是由 Theil 提出的，起初用来测定区域间的收入水平差异程度，近些年来被引入能源相关问题的研究之中。Theil 指数可以分析水资源消费与不同指标间发展相似性的差异程度，因此具有更大的应用范围。本书为进行泰尔指数的计算，求得人均海水淡化可获取量与人均水资源利用水平，其中人均海水淡化可获取量为当年海水淡化工程产水增加量与海水淡化工程耗水量之差，再与常住人口之比；人均水资源利用水平为各省份用水量与常住人口之比。Theil 指数可以表示为：

$$t_c=\sum_{i}^{m}\left(\frac{c_i}{c}\times\log\left(\frac{c_i/c}{p_i/p}\right)\right) \tag{10-8}$$

其中，t_c 是描述水资源区域差异性的 Theil 指数，c_i 是城市 i 的人均海水淡化可获取量指标，c 是人均海水淡化可获取水量指标，p_i 是城市 i 的人均水资源利用水平指标，p 是人均水资源利用水平指标。由此可求得各年份不同城市人均海水淡化可获取量与人均水资源利用水平的泰尔指数值，通过曲线走势体现水资源的区域差异，泰尔指数值越小差异越小。

10.2.4 路径优化算法

现今已经有很多的路径优化算法，而群智能优化算法有两种，一种是粒子群优化算法(PSO,Particle Swarm Optimization),另一种是蚁群优化。其中粒子群优化算法能够用于多个领域,有更多机会求解全局最优解,所以采用粒子群优化算法。在 PSO 优化算法中,首先在 D 维空间内初始化 N 个粒子的位置和速度,然后通过迭代寻优来求解海水淡化可获取量的最优解,在每次迭代过程中,粒子通过搜索空间中的当前个体最优解(p_{id})和全局最优解(p_{gd})来不断修正粒子的位置和速度,从而得到每一个城市的海水淡化可获取量的最优值,在第 k 次迭代寻优的过程中,粒子通过核心公式来更新粒子的速度和位置:

$$v_{id}=w\times v_{id}+c_1\times rand_1\times(p_{id}-x_{id})+c_2\times rand_2\times(p_{gd}-x_{id}) \tag{10-9}$$

$$x_{id}=x_{id}+v_{id} \tag{10-10}$$

其中,w 为惯性权重,v_{id} 表示粒子在第 d 维的速度,x_{id} 表示粒子在第 d 维的位置,c_1、c_2 为学习因子,$rand_1$、$rand_2$ 为两个随机数。迭代终止条件为微粒群搜索到全局最优位置。由以上方法可求得海水淡化可获取量的最优解,进而得出水资源全面调配的最优路径。

10.2.5　案例描述和数据来源

1. 案例描述

截至 2018 年年底,全国已建成海水淡化工程 142 个,工程总规模 1 201 741 t/d,应用反渗透技术的工程 121 个,工程规模 825 641 t/d,占总工程规模的 68.70%;应用 LT-MED 技术的工程 16 个,工程规模 369 150 t/d,占总工程规模的 30.72%;其他技术占工程规模的 0.58%。海水淡化水用途主要为工业用水和生活用水,这些项目主要分布在浙江等沿海地区和水资源严重受限的岛屿。本章使用的两个案例项目分别是日产水量为 2 000 t 的舟山反渗透海水淡化厂和日产水量为 2.5 万 t 的黄骅 LT-MED 海水淡化厂。舟山是国家发展海岛海水淡化的重点区域;黄骅 LT-MED 海水淡化厂是首个具有自主知识产权的单机产水量最大的海水淡化装置,并联产电力和淡化水,是建设大型海水淡化厂的理想选择。

(1) RO 技术工程

这个案例工程为 2018 年建造的浙江省舟山市日产量为 2 000 t 的海水淡化工程,建筑总面积达到 1 810 m^2,反渗透海水淡化工程适用于岛屿地区。参考当地用

水定额标准(2016 年),估算本案例研究海水淡化项目施工用水量约为 3.26E+03 m^3,本案例研究项目采用的反渗透海水淡化工艺流程如图 10.1 所示。对透过的物质具有选择性的薄膜称为半透膜,利用这种半透膜在较高渗透压下将海水中的杂质分离出来,其产水具体步骤一般为取水、预处理、反渗透膜、能量回收和产品水后处理等。由于反渗透膜的膜孔径较小,可有效去除水中的盐类、胶体、微生物、有机物等溶解性成分(去除率可达 97%~98%)。反渗透海水淡化系统具有设备设置简单、效率高、体积要求小、操作方便、污染程度相对较低、无相变要求、无热源要求、能耗相对较低、适应性强等特点。

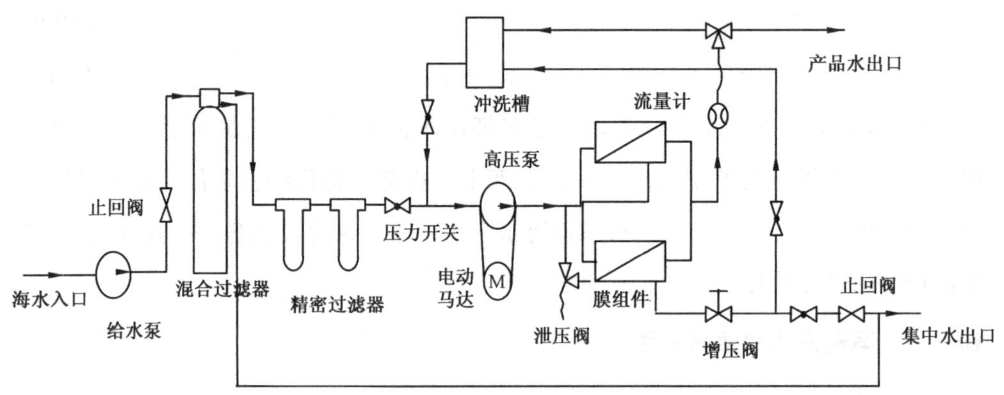

图 10.1 反渗透海水淡化项目工艺

(2) LT-MED 技术工程

此案例工程为日产量为 2.5 万 t 的河北省黄骅市国华黄骅海水淡化工程,利用 LT-MED 技术生产淡水资源,本工程利用电厂一期、二期 4 台 600 MW 机组和 3 期 4 台 1 000 MW 超临界燃煤汽轮机组抽气。三期海水淡化工程总建筑面积 3.3 万 m^2,日产淡水 2.5 万 t,使黄骅电厂日产水能力由 3.25 万 t 提高到 5.75 万 t。本章所分析的低温多效蒸馏工程是黄骅海水淡化三期工程。如第 7 章图 7.1 所示,低温多效工艺技术是将蒸发器中的海水加热蒸发,经过一系列步骤冷凝得到淡水。LT-MED 海水淡化工艺一般用于有足够火力发电厂的沿海地区。

2. 数据来源

海水淡化工程的系统评估需要一个适当的体现水强度数据库,它涵盖了与生产部门对应的所有经济产品。对于本研究的两个案例工程,强度数据库的建立需要河北省、天津市、辽宁省、江苏省、浙江省、福建省、山东省、广东省和海南省这 9 个省份及直辖市，分别在 2002 年、2007 年和 2012 年水资源的直接使用数据以及以上年份的各省经济投入产出表。水资源的直接使用数据来源于中国统计年鉴(CSY，2003，2008，2013)，经济投入产出表来源于各个省份的统计局，如：河北省 2012 年投入产出表来源于河北省统计局(2013 年)。考虑到不同年份投入产出表的部门有所调整，本研究将 2002 年和 2007 年投入产出表中的部门进行统一规划，使它与 2012 年投入产出表的部门一一对应，将工业生产的水资源按总产值分摊到各个工业部门(部门 2 到部门 27)，假设来自农业生产的淡水被耕种者直接开采用于农田灌溉，而用于工业生产、生活消耗和生态保护的淡水开采后需进行预处理才能使用。基于 9 个省份及直辖市的经济投入产出表的数据和单尺度投入产出分析方法，获得了以上 9 个省份及直辖市在 2002 年、2007 年以及 2012 年的水资源强度数据库，这个数据库的单位是 m^3/万元。各省份中建有海水淡化工程的城市有 28 个，这些城市的水资源总量和用水量数据来源于中国城市统计年鉴(CCSY，2017，2018，2019)，现有 2016 年、2017 年和 2018 年的统计数据，相应的，对内地水资源人均占水量也统计 2016 年、2017 年和 2018 年的数据，此数据来源于中国统计年鉴(CSY)。

10.3　结果与分析

基于上述研究方法和数据，对中国建有海水淡化工程的城市体现水进行系统核算，并从海水淡化可获取量、缓解效率、缓解度以及水资源供需的区域差异等方面进行核算，详细分析过程如下。

10.3.1　不同城市海水淡化可获取量的空间分布

海水淡化可获取量为各个城市当年海水淡化工程产水增加量与当年海水淡化工程耗水量之差，按照不同的城市进行空间分析。海水淡化可获取量是逐年累积的，因此图 10.2 所示为我国 2018 年海水淡化可获取量的空间分布，海水淡化可获取量最大的是天津市，达到 9.2E+08 m^3，主要是因为天津市所建设的海水淡化工程规模较大，且近几年来没有建成新的海水淡化工程，从而建造海水淡化工程的耗水量很小。其次是海水淡化可获取量为 4.77E+08 m^3 的青岛市，青岛市有极其便

利的海水资源条件。排名第三的是舟山市，海水淡化可获取量为 3.77E＋08 m^3。从图中总体来看，我国北方的海水淡化工程可获取量较多，而南方的海水淡化可获取量普遍较低，但是舟山的海水淡化规模在全国份额占比已接近八分之一，因此海水淡化可获取量较高。这些城市的海水淡化工程所产生的淡水资源对水资源缓解具有极大的贡献。

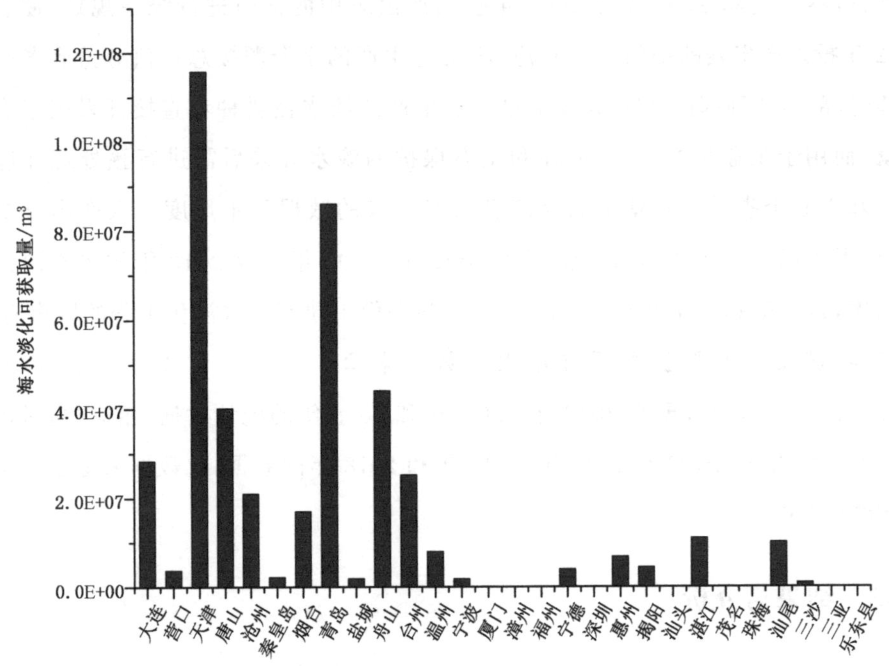

图 10.2　不同城市海水淡化可获取量的空间分布

10.3.2　海水淡化工程对不同城市的缺水缓解效率

各个城市的缺水缓解效率为当年海水淡化工程产水增加量与当年海水淡化工程耗水量的差再与当年海水淡化工程产水增加量之比。表 10.1 列出了 28 个沿海城市的缺水缓解效率，图 10.3 将 28 个沿海城市的缓解效率按统计图的形式体现。

表 10.1　海水淡化工程对不同城市的缺水缓解效率

城市	大连	营口	天津	唐山	沧州	秦皇岛	烟台	青岛	盐城	舟山
缓解效率	99.36%	99.32%	99.29%	99.28%	99.10%	98.08%	99.43%	99.12%	99.27%	97.53%

续表 10.1

城市	台州	温州	宁波	厦门	漳州	福州	宁德	深圳	惠州
缓解效率	99.69%	99.23%	98.69%	98.91%	97.94%	91.87%	97.92%	100.00%	98.87%
城市	揭阳	汕头	湛江	茂名	珠海	汕尾	三沙	三亚	乐东县
缓解效率	98.88%	98.04%	96.78%	97.80%	96.59%	97.33%	97.42%	98.36%	96.02%

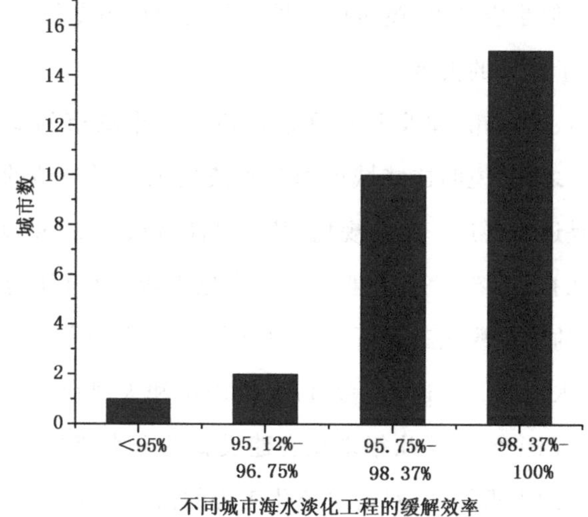

图 10.3　不同城市海水淡化工程的缺水缓解效率

在 28 个沿海城市中，深圳市的海水淡化缓解效率最高，达到了 100%，因为深圳仅有的大亚湾电厂海水淡化装置建成于 1990 年，在 2002 年到 2018 年期间耗水量为 0，说明近年来海水淡化对深圳市缺水的缓解较快。大连市、天津市、唐山市、青岛市等 14 个沿海城市的缓解效率在 98.37%以上，北方沿海城市以及南方的台州市、温州市海水淡化缓解效率较高，而且北方城市和浙江东部为严重缺水地区，说明这些地区的海水淡化工程对当地的水资源缓解力度很大。缓解效率在 96.75%到 98.37%之间的有汕头市、汕尾市、三沙市等 10 个沿海城市。珠海市和乐东县在 96%左右，而福州最低为 91.87%。南方城市的缺水缓解效率相对来说虽然较低，但是这些城市中大多数为中度缺水或者轻度缺水状态，所以海水淡化工程的淡水产量

对当地水资源缓解较小。

10.3.3 不同城市海水淡化工程的缺水缓解度

不同城市海水淡化工程的缺水缓解度为当年海水淡化工程产水增加量与当年海水淡化工程耗水量之差再与当年用水量之比，现将 28 个沿海城市的缺水缓解度根据变化趋势分为影响微小型、增长缓慢型和自给自足型。

宁波市、厦门市、漳州市、福州市和深圳市等 10 个城市的缺水缓解度不足 1%，但是在 2010 年以来增长速度极快，说明这些城市的海水淡化工程对当地的水资源缓解效果不太显著，但是宁波市、茂名市和乐东县的增长幅度很大，近几年来新增的海水淡化工程作出了较大的贡献。

大连市、营口市、天津市、秦皇岛市和盐城市等 9 个城市的缺水缓解度增长缓慢，均在 1%到 10%之间，说明这些城市的海水淡化工程对当地的水资源缓解起到了较大的作用，但是还需要进一步的规划，其中湛江市从 2015 年以来的缓解度呈现快速增长状态，湛江自 2015 年开始建有海水淡化工程，而镇江为一个中度缺水地区，由此可知，湛江的海水淡化工程所产生的淡水资源不仅可以缓解当地缺水状况，还可以供给其他缺水地区。大连市、营口市、揭阳市和天津市的缓解度呈先增长后略有降低的趋势，这四个城市近几年来没有建设新的海水淡化工程，随着工业和生活的发展，对水资源的需求增加，对海水淡化工程的需求也随之增加。秦皇岛市、盐城市、温州市和惠州市的缓解度在经过一段时间的增长之后维持在平缓的趋势，说明这些城市的海水淡化工程逐渐满足当地的水资源需求。

唐山市、沧州市、烟台市和青岛市等 8 个城市的缺水缓解度随着时间的增长而快速增长，其中舟山市在 2018 年达到了 90.77%，沧州市达到了 50.61%，说明这些城市的海水淡化工程可以缓解当地的水资源短缺，为此作出了较明显的贡献。唐山市、烟台市、青岛市、台州市、宁德市和汕尾市的水资源缓解度均超过了 10%，并且趋势逐渐增长，这 6 个城市的海水淡化工程贡献较大。除此之外，三沙市的缺水缓解度达到了较高水平，近年来缺水缓解度最高达到 2 856.67%，最低也能达到 462.64%，这是因为三沙市建有 14 个海水淡化工程，但是常住人口只有 2 000 人，用水量和需水量较少，由此可知，三沙市海水淡化工程所产出的淡水不仅可以供当地居民使用，还可以缓解邻近的城市的水资源短缺问题。

10.3.4　不同城市水资源供需均衡的区域差异

水资源供需均衡的区域差异体现在各个城市海水淡化的产水量与用水量的差异上，现以人均海水淡化可获取量与平均值的差值为横坐标，人均水资源利用水平(各城市用水量与常住人口的比值)与平均值的差值为纵坐标，分别做 2002 年、2007 年、2013 年以及 2018 年的水资源供需均衡区域差异图像，以便清晰地体现近年来水资源供需均衡的区域差异变化情况，如图 10.4 所示。

图 10.4 体现了自 2002 年到 2018 年，各个沿海城市的水资源供需均衡的区域差异变化情况。由图 10.4(a)可知，2002 年在 8 个沿海城市中，深圳市、厦门市、珠海市、宁波市、三亚市、大连市 6 个城市的人均水资源利用水平远多于人均海水淡化可获取量，说明这些城市的供需均衡差异很大。

在图 10.4(b)中可以看出，到 2007 年这 6 个城市的水资源供需情况依然是人均水资源利用水平远多于人均海水淡化可获取量，但是在人均海水淡化可获取量变化不大的情况下，人均水资源利用水平均已变小，从而差异正在逐渐缩小。在图 10.4(c)中可以看出，在 2013 年人均水资源利用水平多于人均海水淡化可获取量的城市又增加了天津市、青岛市、惠州市、汕头市、福州市，这 5 个城市近几年均有新增的海水淡化工程，人均海水淡化可获取量呈增加的状态，但是人均水资源利用水平在变大，说明随着社会的发展，人们对水资源的需求越来越大。在图 10.4(d)中可知，到 2018 年依然是以上 11 个城市的水资源供需不均衡，但是城市之间供需均衡的差异逐渐缩小。为了满足生活生产的发展对水资源的需求，首先应该控制生产生活中的用水量，其次要合理地建立海水淡化工程来缓解水资源短缺问题。

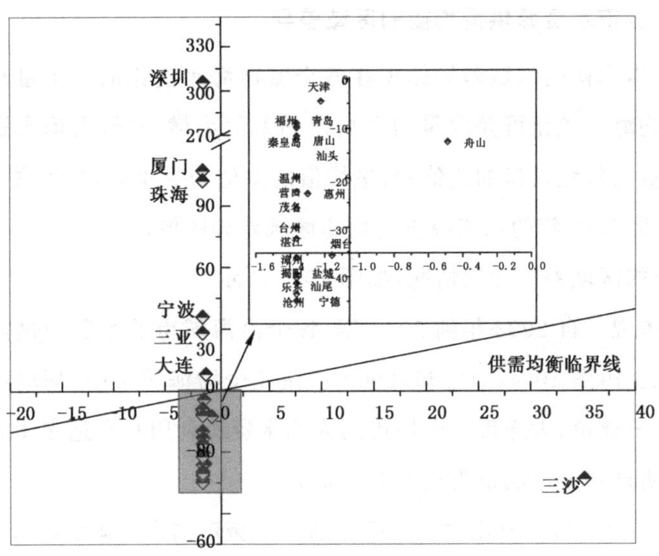

(a) 2002年水资源供需均衡的区域差异

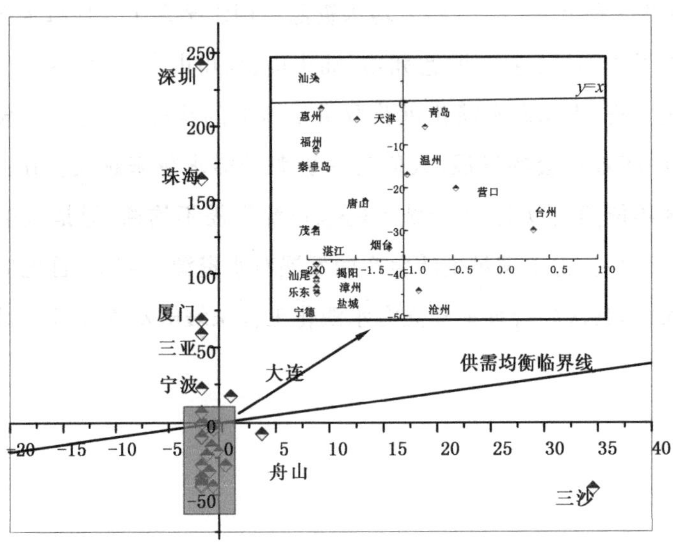

(b) 2007年水资源供需均衡的区域差异

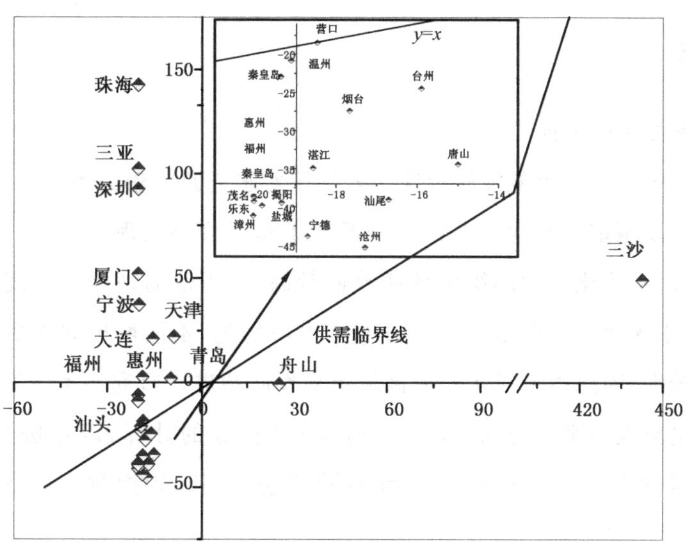

(c) 2013年水资源供需均衡的区域差异

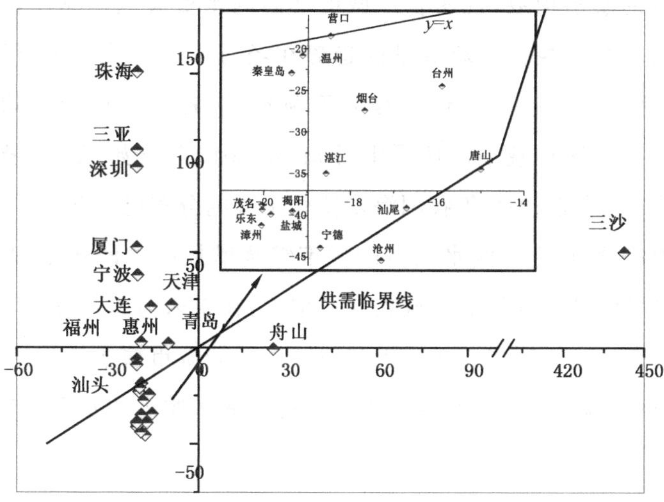

(d) 2018年水资源供需均衡的区域差异

图 10.4　不同城市水资源供需均衡的区域差异

10.4 讨论

(1) 区域差异性分析

水资源消耗的区域差异能够反映出各地区对水资源依赖的不平衡性,对认清区域发展特征以及制定差异化的节约水资源政策具有重要的现实意义。根据计算结果,虽然我国海水淡化工程的缓解效率普遍较高,对当地的缺水缓解度也都呈上升趋势,但是海水淡化可获取量的空间分布依然不均匀,不同城市间水资源供需均衡的区域差异较大,因此需要对水资源区域差异性问题进行研究。本研究将人均海水淡化可获取量与人均水资源利用水平进行 Theil 指数的计算,以年份为横坐标,泰尔指数值为纵坐标,得到了不同城市不同年份的 Theil 指数走势图,如图 10.5 所示。

从图 10.5 可以看出,从 2002 到 2018 年,人均水资源利用水平的 Theil 指数走势呈一个平缓的趋势,并且人均水资源利用水平的 Theil 指数均低于人均海水淡化可获取量的泰尔指数,说明各个城市之间的水资源利用水平的区域差异变化不大。而人均海水淡化可获取量的趋势在经历了一段快速的下降之后,逐渐趋于平缓,体现了随着海水淡化工程的不断建设,各个城市间人均海水淡化可获取量的区域差异逐年减小。从图中可知,从 2010 年开始,Theil 指数又有了较小幅度的提升,说明在 2010 年我国海水淡化工程的分布已经较为合理,但是随着工程的进一步建设,在生产淡水较多的城市继续增加海水淡化工程,使得各个城市之间的海水淡化可获取量的区域差异又增大,在未来海水淡化工程的建设中应该注意各个城市的实际需求。我国内陆地区大部分城市属于缺水地区,为缓解我国缺水城市的水资源现状,可制定最优路径将不缺水城市的水资源输送到内陆缺水地区。

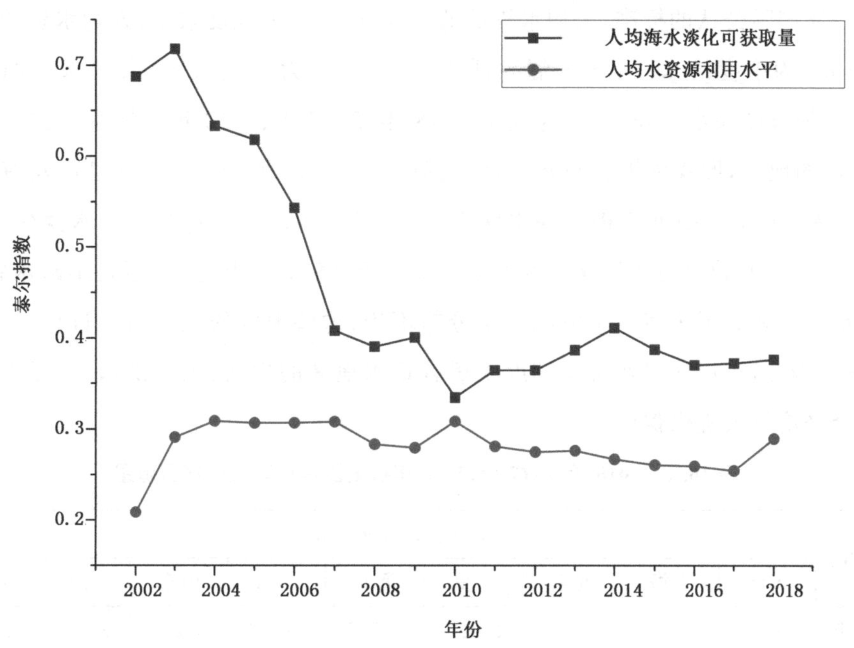

图 10.5 Theil 指数分布

(2) 供需均衡和最优路径

我国水资源相对匮乏。截至 2019 年,我国水资源总量为 2.75E+12 m^3,约为世界水资源总量的 7%,位居世界第 5 位,但人均水资源量仅为 1 972 m^3,约为世界人均水资源量的 1/3,属于国际公认的人均水资源量小于 3 000 m^3 的缺水国家。从人口和水资源分布统计数据可以看出,中国水资源南北分配的差异非常明显。长江流域及其以南地区人口占了中国的 54%,但是水资源却占了 81%。北方人口占 46%,水资源只有 19%。专家指出,由于自然环境以及高强度的人类活动的影响,北方的水资源进一步减少,南方水资源进一步增加。这个趋势在最近 20 年尤其明显。这就又加重了我国北方水资源短缺和南北水资源的不平衡。水资源供需平衡可以在遵循效率、公平和可持续的原则下,进一步满足社会与个人对水资源的需求。我国北方城市面临着资源型缺水的压力,而南方城市水资源供需矛盾主要属于工程型、污染型或管理型缺水,部分城市存在浪费型缺水的情况。可以看出,城市水资源的合理配置和高效利用,将关系到城市可持续发展战略的实施和发展目标的实现。

按照国际公认的标准，人均水资源低于 3 000 m^3 为轻度缺水；人均水资源低于 2 000 m^3 为中度缺水；人均水资源低于 1 000 m^3 为严重缺水；人均水资源低于 500 m^3 为极度缺水。表 10.2 为我国 2018 年、2017 年、2016 年人均水资源量低于 500 m^3 的地区，即我国极度缺水地区。其中，天津、河北、山东、江苏已经建有海水淡化工程，但是依旧处于极度缺水状态，因此可以考虑建立更多的海水淡化工程。除此之外，一些建有海水淡化工程的城市却处于轻度缺水状态，甚至是不缺水状态，缺水地区主要是因为我国水资源时空分布不均，这些地区的人口增长过快，工业发展迅速，因此，可以通过水资源调度来缓解缺水地区的生活、工业供水，为促进当地的社会经济发展提供保障。

表 10.2　2018 年、2017 年、2016 年极度缺水地区人均水资源量

年份	人均水资源量/(m^3/人)								
	天津	上海	北京	宁夏	河北	山西	山东	河南	江苏
2018 年	112.9	159.9	164.2	214.6	217.7	328.6	342.4	354.6	470.6
2017 年	83.4	140.6	137.2	159.2	184.5	352.7	226.1	443.2	490.3
2016 年	121.6	252.3	161.1	143	279.7	365.1	222.6	354.8	928.6

对于水资源严重短缺的地区，需要制定合理的供水方案，合理利用有限的海水淡化量，在保证当地城市工业、居民用水的情况下，对水资源实行统一调控，实现淡化海水的跨流域调水，以缓解缺水地区的水资源短缺问题。为了得到水资源调度的最优路径，本书首先对海水淡化可获取量建模，再引入粒子群优化算法，将每一个城市都用一个粒子来表示。在海水淡化可获取量中，以 2016 年、2017 年、2018 年的人均海水可获取量平均值为自变量，以 2018 年海水淡化可获取量为因变量，通过数值拟合的方法建立线性回归方程作为粒子群优化算法的适合度函数：

$$f = 1.70 \times 10^6 + 1.20 \times 10^8 \times \exp\{-0.5 \times [x - 197)/56]^2\} \tag{10-11}$$

得到的粒子群优化算法运行结果如图 10.6 所示，图中横坐标为迭代次数，纵坐标为海水淡化可获取量，单位为 m^3。可见海水淡化可获取量为 1.73E+06 m^3 时达到最优解，现可将海水淡化可获取量大于 1.73E+06 m^3 且处于轻度缺水和不缺水城市的淡化海水，调度到我国内陆极度缺水的城市，从而缓解极度缺水地区的水资源问题。

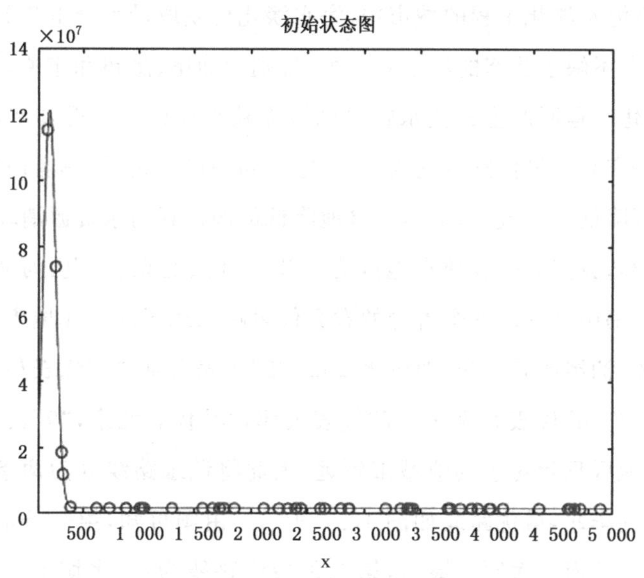

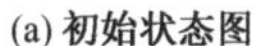
(a) 初始状态图

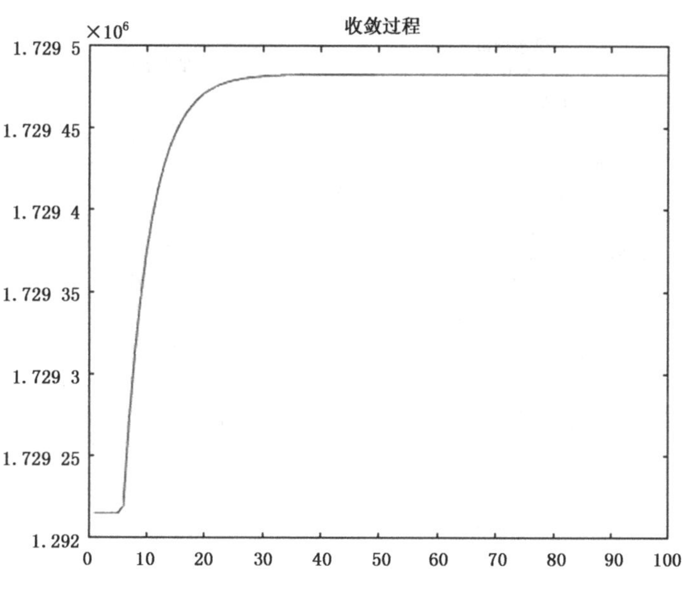

(b) 收敛过程图

图 10.6　仿真结果

水资源短缺和空间分布不均匀是解决我国水资源分配不均所面临的难题，将水资源相对较丰富城市的淡水调度到缺水地区是一个有效的措施。通过上述计算可

以知道，在建有海水淡化工程的城市中，海水淡化可获取量大于 1.73E+06 m^3 且处于轻度缺水或者不缺水状态的城市有三个，分别为汕尾、惠州和宁德，因此可将这三个城市海水淡化工程所产生的淡水输送到极度缺水地区。为得到调度淡水资源的最优路线，本研究采用最优路径规划，求固定点间的最短路径，具有简便而实用的特点，最短路线可降低运输成本，从而间接地降低能源消耗与水资源消耗。

由上文可知，我国的极度缺水地区为天津、上海、北京、宁夏、河北、山西、山东、河南和江苏，本书中分别以各个省份的省会代表缺水地区的具体城市，在此算法中，将"1"代表宁德、汕尾或者惠州，即供水城市，"2"代表上海，"3"代表郑州，"4"代表济南，"5"代表太原，"6"代表石家庄，"7"代表天津，"8"代表北京，"9"代表银川。其中银川处于西北地区且相对于其他城市较远，因此将调水路线分为两条，分别为调度到西北与调度到华北，最优路线如图 10.7 所示。由图可知，第一条最优路线为：供水城市—上海—济南—太原—银川，第二条最优路线为：供水城市—上海—郑州—石家庄—北京。

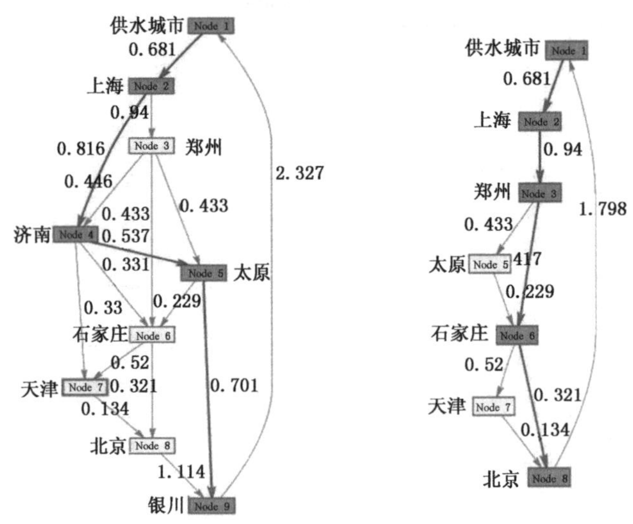

图 10.7　淡水资源调度最优路线

(3) 政策建议

伴随海水淡化技术发展和社会需求量加大，海水淡化规模不断扩大。据统计，海水淡化总产水规模从 2003 年的不足 3 万 t/d 已达 2019 年的 157.4 万 t/d，增长速度超过 50%。2020 年全国两会提案支持海水淡化产业长远发展，随着海水淡化能力的不断提高，海水淡化在缓解水资源短缺方面具有巨大的潜力。但是我国水资源时空分布不均匀，为缓解我国水资源失衡的现状，中国采取了包括南水北调等在内的一系列措施，所以建议在满足当地城市工业、居民用水的情况下，对水资源实行合理调度为优化配置，实现淡化海水的跨流域调水，以缓解缺水地区水资源不足的现状，从而为内陆缺水地区的经济发展提供保障与支撑。基于上述结果，主要影响和建议包括：

第一，我国海水淡化可获取量的空间分布不均匀，虽然部分缺水城市的海水淡化可获取量较高，但是大部分缺水地区的海水淡化可获取量依较低，如营口、秦皇岛、盐城、汕头和深圳等地海水淡化工程产水规模较小，不足以缓解当地的缺水状态，还需要建造更多的海水淡化工程。

第二，虽然我国海水淡化工程对当地的缺水缓解度呈上升趋势，但是宁波、厦门、福州、深圳、汕头、珠海和乐东等缺水城市的缓解度影响极其微小，若需缓解水资源短缺问题，还应该建造海水淡化工程。

第三，我国不同城市间水资源供需均衡的区域差异较大，且对内陆缺水地区的影响极其微小，因此需要缓解内陆缺水地区的水资源短缺问题。本研究具体说明了一些不缺水地区的海水淡化可获取量较高，如汕尾、惠州和宁德，而内陆很多城市还处于缺水状态。为了缓解沿海及内陆地区水资源短缺问题，制定了详细的调水路线，这对统筹调整和规划水资源的使用是可行的。

第四，在已经制定好的调水路线中，可将水资源以虚拟水的方式调配到缺水地区，例如将供水城市的农作物和水果运往华北和西北地区，这样既可以解决运输过程中的损失，又可以实现水资源的调度。

10.5　结论

本研究以浙江省舟山市 2 000 t/d 海水淡化工程和河北省黄骅港 2.5 万 t/d 海水淡化工程为案例工程，采用系统核算的方法，对我国 126 个海水淡化工程的体现水消耗量进行了核算。首次通过系统分析法，对我国海水淡化工程水平衡状况进行分析，总的来说，我国海水淡化工程可获取量分布不均，海水淡化工程的缓解效率均在 90%以上,对当地的缺水缓解度均呈上升趋势,但是不同城市间水资源供需均衡的区域差异较大,利用粒子群优化算法得知海水淡化可获取量的最优解为 1.73E+06 m^3,可将水资源进行统筹规划,水资源的供需合理调配对区域可持续发展至关重要。

根据研究结果,需要大量的水资源来支持内陆缺水地区,以缓解水资源短缺。为了响应国家可持续发展战略,需发挥海水淡化对缓解水资源短缺具有的潜力巨大,但是随着海水淡化工程的建设,也会加剧水资源分部不平衡的状态,对我国海水淡化工程的评估可以为解决我国水资源不平衡的问题提供科学参考。我国水资源时空分布不均,为改善我国水资源失衡的现状,利用粒子群优化算法,得到了调度淡水的最优路径,在水资源运输过程中可将水资源以虚拟水的方式调配到缺水地区,例如在城市间进行农作物的商品贸易,这样既可以解决运输过程中的损失,又可以实现水资源的调度。研究结果将充分支持有关部门制定行业规章制度、调整产业结构、合理利用水资源,考虑到未来海水淡化项目的实施,我国海水淡化分布不平衡应得到应有的重视。

总体来看,我国海水淡化工程在使当地的水资源短缺得到缓解的同时,也加剧了不同城市间水资源供需均衡的区域差异,亟须充分考虑我国沿海地区与内陆地区水资源差异的影响。本章对我国所有的海水淡化工程进行核算分析,在数据及方法等方面仍有待进一步完善。具体来看,2012 年经济投入产出表对部门进行了调整,与 2002 年和 2007 年的部门有差别,在部门对接方面有一定的差异;中国城市统计年鉴中有少部分城市的统计数据不全面;为求得各省份的间接体现水强度,进行数据拟合得到的线性回归方程存在一定的误差等。尽管在数据及方法上仍存在一定的不确定性,但本章利用系统分析法对 28 个城市的海水淡化工程进行核算分析,体现水资源的区域差异,制定水资源短缺的最优路径,这对于我国的可持续发展具有重要意义。

参考文献

[1] 邵玲. 体现水的多尺度投入产出分析及其工程应用[M]. 北京:北京大学出版社,2014.

第11章

反渗透海水淡化工程优化配置理论方法

反渗透工艺依靠其自身技术的成熟性和便捷性成了应用最广泛的海水淡化技术之一。目前对反渗透海水淡化工程的设计主要还是依靠传统的工程设计经验和厂家提供的计算软件,虽然可以保证设计的基本要求,但是无法保证最优的设计结果。因此有必要采用过程综合设计的方法,对反渗透工程进行整体上的配置设计,使其达到既能减少总投资成本又能有效降低能耗的目的。

11.1 反渗透系统的组成

反渗透海水淡化工程主要由以下几个部分组成:原水;采水及预处理过程;能量回收装置;反渗透膜组件;高压泵。典型的反渗透海水淡化系统组成如图 11.1 所示。

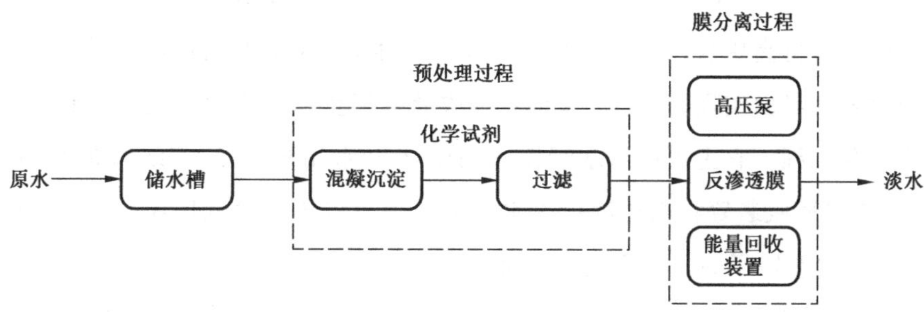

图 11.1 反渗透工程的系统基本组成

(1)采水及预处理

不同区域海水水质存在很大的差别,成分非常复杂,针对不同地区选择适合的预处理工艺,可以有效减少反渗透膜组件的结垢,减少污染,降低对反渗透膜脱盐率和产水率的影响。特别是针对目前水资源日益匮乏的现状,选择一个合适的预处理方式,将会对水处理系统产生良好的影响。因此,为了确保反渗透过程的正常进行,在进入反渗透膜之前,必须采用合理的海水预处理方法。预处理常用的方法有化学氧化法、药剂软化法、混凝-絮凝法、介质过滤法以及活性炭吸附法。

Filippini G. 等人提出了采水及预处理的相关投资函数,海水采水和预处理的投资费用的大小与总进水流量(m^3/h)紧密相关,而采水及预处理的操作费用主要由采水泵的能耗产生,其投资函数如下:

$$CC_{in} = 996 \times (Q_A \times 24)^{0.8} \tag{11-1}$$

$$OC_{in} = \Delta P_{in} \times Q_A \times C_e \times F/(3.6 \times \eta_{in}) \tag{11-2}$$

式中:CC_{in} ——采水及预处理部分投资费用($);

OC_{in} ——采水及预处理部分操作费用($);

Q_A ——进水流量(m^3/h);

ΔP_{in} ——采水泵前后的压力差(MPa);

C_e ——单位能耗的电费($/kWh);

F ——天数;

η_{in} ——采水泵的效率。

(2) 能量回收装置

PX(Pressure Exchanger)是美国 EPI 公司研发的转子式能量回收装置,转子式能量回收装置将高压盐水压力能传递给低压淡水,实现压力能转换的过程,其能量转换通过液相界面实现。目前 PX 能量回收装置能量回收效率最高,且只用于反渗透海水淡化工程。它主要由海水端板、转子以及盐水端板组成,其结构如图 11.2 所示。PX 能量回收装置将高压浓盐水水流的压力直接传递给低压原海水,这两部分水流在 PX 装置转子的内部通道内直接接触,最终完成了压力的交换。转子被定位在陶瓷套中,该瓷套在海水端盖和盐水端盖中间,两个端盖的材料也均是陶瓷的。高压浓盐水进入此装置时,形成了一个水力轴承,其摩擦力可视为零。在这个过程中,整个装置唯一运动的部件是水力轴承中旋转的转子。

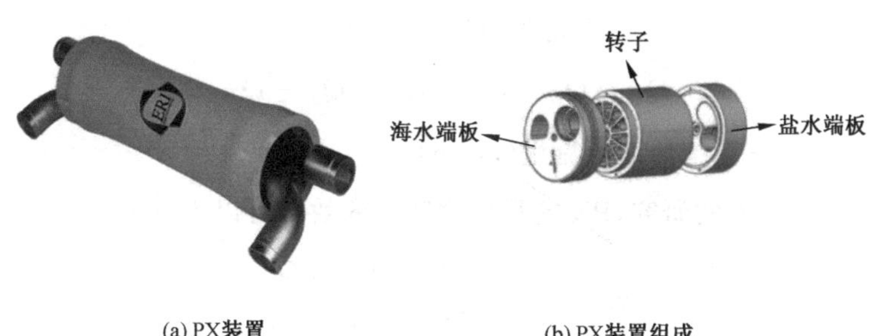

图 11.2　PX 能量回收装置结构

其工作的过程如图 11.3 所示，主要可以分为以下几个步骤：

第一，低压海水流进入低压区左下侧的通道，这部分水流使得浓盐水从通道的右侧流出。

第二，低压海水将转子通道充满，并且被密封在密封区。

第三，随着转子的转动，转过密封区后，经过反渗透膜过滤的高压盐水从右侧高压区流入通道，高压浓盐水和原海水瞬间接触，原海水得以增压，受压后的海水从左上侧的通道流出。

第四，浓盐水被密封在另一个密封区。

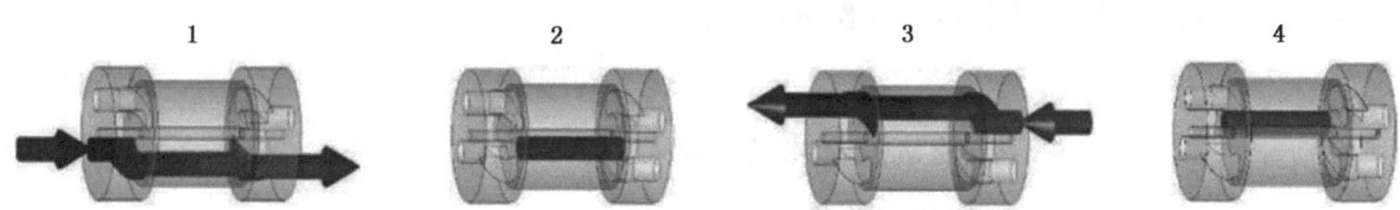

图 11.3　PX 装置工作过程

随着转子的不断旋转，每一个通道内都会重复地进行压力交换过程，从而实现能量交换的过程。在系统运行时，有部分流量在转子缝隙内作为转子润滑流量，典型 PX 能量回收装置润滑流量大约为高压泵出水量的 0.5%，可以通过高压泵出水量减去产水量获得。因此安装了 PX 能量回收装置的反渗透海水淡化工程中，高压泵的流量等于产水流量加上少许的润滑流量，而不是工程总的进水量。

根据以上 PX 能量回收装置特性，可得：

$$Q_B - Q_G = Q_N \tag{11-3}$$

$$Q_N = Q_F \times 0.5\% \tag{11-4}$$

$$Q_B - Q_G = Q_D - Q_P = Q_J - Q_E \tag{11-5}$$

式中：Q_N ——系统的润滑流量(m^3/h)。

根据潘玉强等人的研究，PX 能量回收装置的效率可以表示为：

$$\eta_{PX} = \frac{P_G \times Q_G + P_J \times Q_J}{P_E \times Q_E + P_B \times Q_B} \tag{11-6}$$

η_{PX} 表示 PX 能量回收装置的效率，其效率约为 90%～98%，根据设计要求，低压浓水排放压力需大于 0.6 bar，若压力低于此设计值，PX 系统容易发生气蚀，系统运行操作压力控制在 1～1.5 bar 最佳(即 $P_J = 1 \sim 1.5$ bar)。因此可得 P_B 和 P_G 之间的关系：

$$P_G = \left(\frac{\eta_{PX} \times P_E \times Q_E - P_J \times Q_J}{Q_G}\right) + \left(\frac{\eta_{PX} \times Q_B}{Q_G}\right) \times P_B \tag{11-7}$$

PX 能量回收装置主要依靠反渗透膜组件一侧产生的高压浓盐水推动装置中的转子不断转动，将高压浓盐水水流的压力直接传递给低压的海水，这两股水流在转子的内部通道内直接接触，从而实现压力的交换过程，不需要多余的装置提供动力，因此 PX 能量回收装置无操作费用。卢彦越利用 ERI 公司提供的有关数据进行回归计算，通过拟合最终得到了其投资函数：

$$CC_{PX} = 3\,134.7 \times Q_{hpp}^{0.58} \tag{11-8}$$

式中：CC_{PX} ——PX 能量回收装置的投入资金(\$)；

Q_{hpp} ——PX 能量回收装置的进水流量(m^3/h)。

(3) 膜组件

当前反渗透工艺是一项最细微的过滤技术，反渗透膜组件可以将溶解在溶液中的无机分子和相对分子质量较大的有机物过滤掉，从而获得纯度较高的溶剂。将膜、固定膜的支撑材料、间隔物或者管式外壳等组装成的一个单元称为膜组件。提高膜组件的脱盐率和水通量是研发人员不断追求的研究目标，随着膜组件的不断发展，出现了各种形式的膜组件，常见的有中空纤维式、螺旋卷式、板框式和管式等。针对不同的产水要求和水质条件，如何合理选择膜组件种类既可以减少投资成本又满足产水要求是一个重要的问题。借鉴卢彦越等人对膜组件的研究，本研究将膜组件划分为普通膜、高通量膜、高脱盐膜和低脱盐膜四种类型，其特性和价格借鉴东洋纺公司相应的膜组件，表 11.1 列出了四种类型膜组件的特性等参数。

表 11.1　膜组件的性能和操作参数

参数	普通膜	高通量膜	高脱盐膜	低脱盐膜
纯水渗透性常数 (A(kg/s·N))	3×10^{-10}	5×10^{-10}	3×10^{-10}	4×10^{-10}
盐的传质参数 (B(kg/s·m^2))	4×10^{-5}	2×10^{-5}	4×10^{-6}	8×10^{-5}
压力范围(MPa)	<8.3	<8.3	<8.3	<8.3
压降(MPa)	0.2	0.2	0.2	0.2
流量范围(m^3/h)	0.45～2	0.45～2	0.45～2	0.45～2
浓度范围(mg/L)	1 500～25 000	1 500～30 000	1 500～35 000	1 500～10 000
价格($/m^2)	15	25	30	7

膜组件的费用包括固定费用和变化费用，固定费用和膜组件数目 N_m 成正比，借鉴文献中对于膜组件的模型，膜组件一般可以使用 3～5 年，每 6 个月清洗维修一次，膜元件更换费用依据参考文献[13]，可得到：

$$CC_m = C_{pm} \times N_m \tag{11-9}$$

$$OC_m = 0.1667 CC_m \tag{11-10}$$

式中：CC_m ——膜组件固定投资费用($)；

OC_m ——膜组件维修和更换费用($)；

C_{pm} ——单个膜组件的价格($)；

N_m ——膜组件数目。

(4) 其他部分

反渗透海水淡化工程是利用反渗透原理将盐分从海水中分离出来生产淡水，反渗透原理的非自发的过程需要高压泵提供压力。高压泵对反渗透工程来说至关重要，也是主要耗能的部件，其性能直接影响到工程的良好运转和产水成本。现阶段，反渗透海水淡化工程主要使用往复泵和离心泵两类高压泵。高压泵和循环泵在不同的进水流量范围下，具有不同的投资函数：

$$CC_{hpp/bp} = 52 \times (\Delta P_{hpp/bp} \times Q_{hpp/bp} \times 10)(Q_{hpp/bp} < 200\ \text{m}^3/\text{h}) \tag{11-11}$$

$$OC_{hpp/bp} = 55 \times (\Delta P_{hpp/bp} \times Q_{hpp/bp} \times 10)(Q_{hpp/bp} \geqslant 200\ \text{m}^3/\text{h}) \tag{11-12}$$

$$OC_{hpp/bp} = \Delta P_{hpp/bp} \times Q_{hpp/bp} \times C_e \times F/(3.6 \times \eta_{hpp/bp}) \tag{11-13}$$

式中：$CC_{hpp/bp}$ ——高压泵或者循环泵的投资成本（\$）；

$OC_{hpp/bp}$ ——高压泵或者循环泵的操作成本（\$）；

$Q_{hpp/bp}$ ——高压泵或者循环泵进水口的流量（m^3/h）；

$\Delta P_{hpp/bp}$ ——高压泵或者循环泵进水口和出水口的压力差（MPa）。

除了上述设备的投资费用以及操作费用之外，反渗透海水淡化系统还应有工资福利费用、膜更换费用、预处理部分所需的化学试剂费用、检修维护费用和其他费用，根据文献中提出的方法可以得出：

$$OT_{labor} = Q_P \times 24 \times 365 \times 0.7/FER \tag{11-14}$$

$$OT_{ch} = Q_P \times 24 \times 365 \times 0.5/FER \tag{11-15}$$

$$OT_{maint} = Q_P \times 24 \times 365 \times 0.37/FER \tag{11-16}$$

$$OT_{other} = Q_P \times 24 \times 365 \times 0.51/FER \tag{11-17}$$

式中：OT_{labor} ——反渗透工程工资福利费用（\$）；

OT_{ch} ——反渗透工程预处理部分所需化学试剂费用（\$）；

OT_{maint} ——反渗透工程检修维护费用（\$）；

OT_{other} ——反渗透工程其他费用（\$）；

Q_P ——产水流量（m^3/h）。

11.2 反渗透系统过程模型

11.2.1 过程单元模型

本章反渗透工程的过程单元模型主要基于溶解扩散模型，该模型假设溶剂和溶质均可在膜内传递，膜是均质的，图 11.4 为一个膜元件的简图。

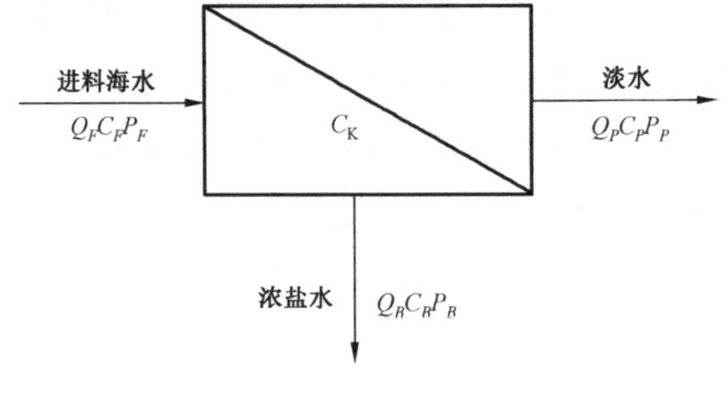

图 11.4 膜元件简图

该过程的数学模型如下：

$$Q_F = Q_P + Q_B \tag{11-18}$$

$$Q_F \times C_F = Q_P \times C_P + Q_B \times C_B \tag{11-19}$$

$$\pi = \begin{cases} 206.34 \times (320 + T) \times C(C < 20\ \text{kg/m}^3) \\ 206.34 \times (320 + T) \times (1.17 \times C - 3.4)(C > 20\ \text{kg/m}^3) \end{cases} \tag{11-20}$$

$$\Delta\pi = (\pi_K + \pi_B)/2 - \pi_P \tag{11-21}$$

$$\Delta P = (P_F + P_B)/2 - P_P \tag{11-22}$$

$$C_M = (C_K + C_B)/2 \tag{11-23}$$

$$P_B = P_F - \delta P \tag{11-24}$$

式中：Q_F ——进水侧的流量（m^3/h）；

Q_P ——产水侧的流量（m^3/h）；

Q_B ——反渗透膜浓水侧的流量（m^3/h）；

C_F ——进水侧的盐浓度（mg/L）；

C_P ——产水侧的盐浓度（mg/L）；

C_B ——反渗透膜浓水侧的盐浓度（mg/L）；

ΔP ——膜两侧的静压差（MPa）；

$\Delta\pi$ ——渗透压差（MPa）；

C_M ——高压侧平均浓度（MPa）；

π_F ——进水侧的渗透压（MPa）；

π_P ——产水侧的渗透压（MPa）；

π_B ——反渗透膜浓水侧的渗透压（MPa）；

P_F ——进水侧的压力（MPa）；

P_P ——产水侧的压力（MPa）；

P_B ——反渗透膜浓水侧的压力（MPa）；

δP ——溶质经过膜组件前后的压降（MPa）；

T ——海水淡化过程中的温度（℃）。

膜元件透水量和膜元件透盐量是反渗透系统中非常重要的两个参数，膜元件透水量与元件平均驱动压成正比，膜元件透盐量与膜两侧平均盐浓度差成正比，计算方法如下：

$$Q_P = A \times S \times (\Delta P - \Delta\pi) \tag{11-25}$$

$$C_P = B \times (C_M - C_P)/(A \times (\Delta P - \Delta\pi)) \tag{11-26}$$

式中：A ——纯水渗透性常数(kg/s·N)；

B ——盐的传质参数(kg/s·m^2)。

由于反渗透海水淡化的过程是一个非自发的物理过程，在自身渗透压和外界施加压力的共同影响下，经过反渗透膜的过滤，溶液中的溶剂通过过滤过程被分离出来，而溶质被截留，从而实现过滤过程。溶质被截留在膜的表面，并且其浓度不断增大，与流动的液体之间形成了很大的浓度差，这种现象被称为浓差极化现象。定义β为浓水侧膜表面溶质浓度C_K与湍流层溶质浓度C_F之比：

$$\beta = \frac{C_K}{C_F} \tag{11-27}$$

根据传质理论，浓差极化区内距离膜表面任何一点x处，以对流形式传递的溶质流入率J_F等于溶质流出率，而溶质流出率等于以对流形式传递的前向溶质流出率J'_F与以扩散形式反向传递的溶质流出率$D \cdot \mathrm{d}c/\mathrm{d}x$之和：

$$J_F - J'_F - D\frac{\mathrm{d}c}{\mathrm{d}x} = 0 \tag{11-28}$$

如图 11.5 所示，x处截面与膜通过液侧视为一个整体(见图 11.5 中虚线)，则该整体的溶质流入率J'_F等于溶质流出率J_P。

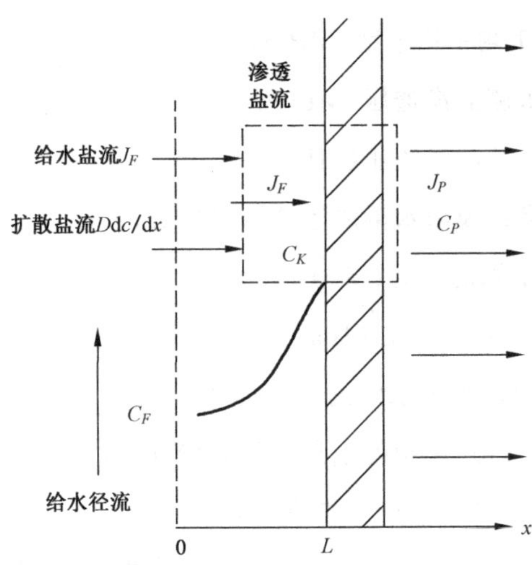

图 11.5　浓差极化现象示意图

因此上式可以改写为：

$$J_F - J_P - D\frac{\mathrm{d}c}{\mathrm{d}x} = 0 \tag{11-29}$$

即：

$$D \cdot \mathrm{d}c = (J_F - J_P)\mathrm{d}x \tag{11-30}$$

或者：

$$\frac{\mathrm{d}c}{c - c_P} = \frac{J\,\mathrm{d}x}{D} \tag{11-31}$$

对上式两侧求积分，积分满足边界条件：

$$\begin{cases} x = 0, c = c_F \\ x = L, c = c_K \end{cases} \tag{11-32}$$

有积分式：

$$\int_{c_F}^{c_K} \frac{\mathrm{d}c}{c - c_P} = \int_0^L \frac{J\,\mathrm{d}x}{D} \tag{11-33}$$

经过计算得到：

$$\ln\frac{c_K - c_P}{c_F - c_P} = \frac{JL}{D} \tag{11-34}$$

则有：

$$\frac{c_K - c_P}{c_F - c_P} = \mathrm{e}^{\frac{JL}{D}} \tag{11-35}$$

定义膜的溶质透过率 SP 为：

$$SP = \frac{c_P}{c_K} \tag{11-36}$$

膜的溶质截留率 SR 为：

$$SR = 1 - SP = 1 - \frac{c_P}{c_K} \tag{11-37}$$

将 $c_P = (1 - SR)c_K$ 带入上式，经过变换得到：

$$\beta = \frac{c_K}{c_F} = \frac{\mathrm{e}^{JL/D}}{SR + (1 - SR)\mathrm{e}^{JL/D}} \tag{11-38}$$

因为 $SR \approx 1$，所以可将上式简化为：

$$\beta = \frac{c_K}{c_F} \approx e^{JL/D} \tag{11-39}$$

式中：C_K ——进水侧溶质的平均盐浓度(mg/L)；

C_F ——湍流层溶质浓度(mg/L)；

C_p——出水侧溶质的平均盐浓度(mg/L)；

x——距湍流层距离(m)；

J_F ——以对流形式传递的溶质流入率(L/(m^2 · h))；

J'_F ——对流形式传递的前向溶质流出率(L/(m^2 · h))；

J_P ——溶质流出率(L/(m^2 · h))；

SR ——膜的溶质透过率；

D——扩散系数(L/(m · h))；

L——极化区宽度(m)。

11.2.2 工艺系统模型

在反渗透海水淡化系统中，经过膜组件的过滤，将海水分离为高压浓水和低压淡水。为了增加系统的回收率，高压浓水可流经下一组膜组件继续过滤产生淡水，流经几组膜组件即被称为几段。为了改善淡水的产水水质，低压淡水可流经下一组膜组件进行再次过滤，低压淡水经过几次膜组件处理即称为几级。在本研究中只考虑反渗透工程中的一级一段和一级二段两种工艺结构形式。

在考虑有 PX 能量回收装置的前提下，反渗透系统一级一段工艺结构如图 11.6 所示，一级二段工艺结构如图 11.7 所示。

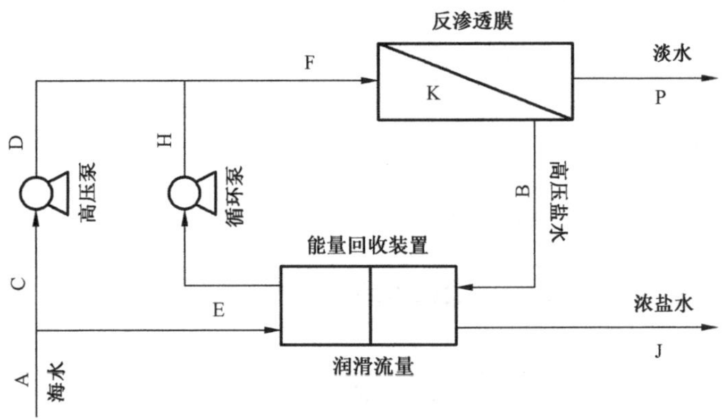

图 11.6 反渗透一级一段工艺结构

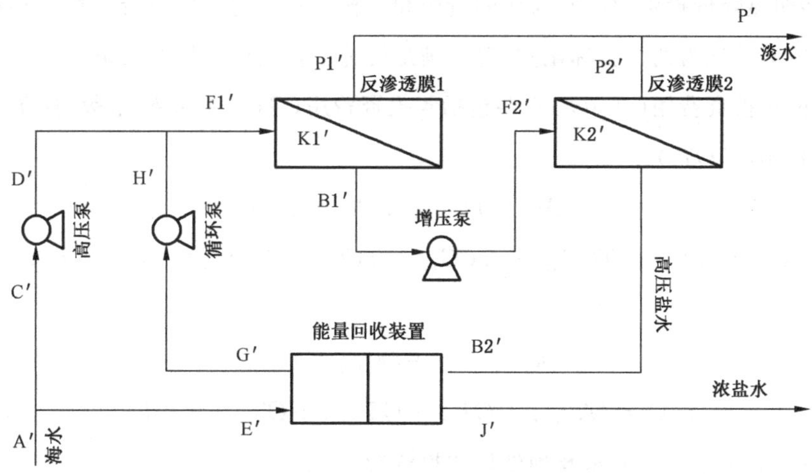

图 11.7　反渗透一级二段工艺结构

除了以上过程单元模型中的约束条件，还需满足以下系统约束（等式约束）：

第一，前支（段）元件给水流量为前支（段）元件产水流量与后支（段）元件给水流量之和。

第二，前支（段）元件给水含盐量为前支（段）元件产水含盐量与后支（段）元件给水含盐量之和。

第三，忽略管道中的压力损失和流量损失。

第四，PX 能量回收装置的润滑流量等于高压泵出水量减去产水量，也等于装置后端高压盐水流量减去装置前端高压海水流量。

11.3　反渗透工程数学规划模型

减少投资成本和有效降低单位产水能耗是海水淡化工程系统配置优化追求的两个目标，满足单个目标的问题称为单目标优化问题，同时满足两个或两个以上目标的问题被称为多目标优化问题。

11.3.1　单目标混合整数非线性规划

反渗透系统是一个复杂的设计过程，各种结构错综复杂又相互联系，必须从整体上对系统进行合理设计，对各部分结构和参数进行改进，使之既能稳定、高效地运行，又能明显降低投资、维护、操作的费用和能耗。本研究以年投资费用最小和单位水能耗成本最低为两个目标函数，对应满足两种工艺结构下的约束条件。

总的年投资费用（TAC）主要包括年投资费用（TCC）、年操作费用（TOC）以及其他费用（TOT）：

$$TAC = TCC + TOC + TOT \tag{11-40}$$

$$TCC = (TCC_{in} + TCC_{hpp} + TCC_{px} + TCC_{zy} + TCC_{m}) \times 1.411 \times 0.08 \tag{11-41}$$

$$TOC = OC_{in} + OC_{hpp} + OC_{zy} \tag{11-42}$$

$$TOT = OT_{labor} + OT_{ch} + OT_{maint} + OT_{other} + OT_{m} \tag{11-43}$$

式中：TCC_{in} ——采水及预处理的投资费用（$）；

TCC_{hpp} ——高压泵的投资费用（$）；

TCC_{px} ——PX 能量回收装置的投资费用（$）；

TCC_{zy} ——循环泵的投资费用（$）；

TCC_{m} ——膜组件的投资费用（$）；

OC_{in} ——采水及预处理的操作费用（$）；

OC_{hpp} ——高压泵的操作费用（$）；

OC_{zy} ——循环泵的操作费用（$）；

OT_{labor} ——反渗透工程工资福利费用（$）；

OT_{ch} ——反渗透工程预处理部分化学试剂费用（$）；

OT_{other} ——反渗透工程其他费用（$）；

0.08——每年资本支出率；

1.411——计算实际投资的系数。

系统单位水的能耗可表示为：

$$W_E = \frac{OC_{in} + OC_{hpp} + OC_{zy}}{24 \times Q_P \times F \times C_e} \tag{11-44}$$

式中：Q_P ——产水流量（m^2/h）；

F ——每年工程运行的天数；

C_e ——单位能耗的电费（$/kWh）。

最终，单目标优化问题可以表述成：

目标函数 1：

$$\min(1): TAC = TCC + TOC + TOT \tag{11-45}$$

目标函数 2：

$$\min(2): W_E = \frac{OC_{in} + OC_{hpp} + OC_{zy}}{24 \times Q_P \times F \times C_e} \tag{11-46}$$

两个目标函数的约束条件：

第一，第 11.2 节系统过程模型中提出的所有系统约束(等式约束)。

第二，满足以下依据约束(不等式约束)：

$$Q_P \geqslant Q_{P\min} \tag{11-47}$$

$$C_P \leqslant C_{P\min} \tag{11-48}$$

第三，满足以下限值约束(不等式约束)：

$$Q_{\min} \leqslant Q_F \leqslant Q_{\max} \tag{11-49}$$

$$P_{\min} \leqslant P_F \leqslant P_{\max} \tag{11-50}$$

式中：$Q_{P\min}$ ——最小产水量(m^2/h)；

$C_{P\min}$ ——最小产水浓度(mg/L)；

$Q_{\min}$ ——膜组件的最小流量(m^3/h)；

$Q_{\max}$ ——膜组件的最大流量(m^3/h)；

$P_{\min}$ ——膜组件的最小压力要求(MPa)；

$P_{\max}$ ——膜组件的最大压力要求(MPa)。

本研究采用 Lingo 软件(Linear Interactive and General Optimizer)进行求解两个单目标混合整数非线性规划问题。Lingo 软件是一种科学计算软件，用于求解非线性规划、线性规划等最优化问题，其优势在于有内置的建模语言，使用简单、操作灵活、计算执行速度快，本书主要介绍全局优化法的求解过程。

11.3.2 多目标混合整数非线性规划

工程的设计问题可以描述为一个多目标混合整数非线性规划问题，和单目标优化问题类似，该规划问题可以表述为：

目标函数：

$$\min: \begin{cases} TAC = TCC + TOC + TOT \\ W_E = \dfrac{OC_{in} + OC_{hpp} + OC_{zy}}{24 \times Q_P \times F \times C_e} \end{cases} \tag{11-51}$$

约束条件(包括等式约束和不等式约束)：

第一,第11.2节系统过程模型中提出的所有系统约束(等式约束)。

第二,满足以下依据约束(不等式约束)：

$$Q_P \geqslant Q_{P\min} \tag{11-52}$$

$$C_P \leqslant C_{P\min} \tag{11-53}$$

第三,满足以下限值约束(不等式约束)：

$$Q_{\min} \leqslant Q_F \leqslant Q_{\max} \tag{11-54}$$

$$P_{\min} \leqslant P_F \leqslant P_{\max} \tag{11-55}$$

式中：$Q_{P\min}$ ——最小产水量(m^2/h)；

$C_{P\min}$ ——最小产水浓度(mg/L)；

$Q_{\min}$ ——膜组件的最小流量(m^3/h)；

$Q_{\max}$ ——膜组件的最大流量(m^3/h)；

$P_{\min}$ ——膜组件的最小压力要求(MPa)；

$P_{\max}$ ——膜组件的最大压力要求(MPa)。

多目标规划问题的求解方法与单目标优化问题相比较为复杂,其求解思想大都是将多目标问题转化为单目标问题进行求解。常见的求解方法主要有理想点法、线性加权和法以及模糊偏差法等。

在典型的多目标混合整数非线性规划问题中,多目标规划可以用矩阵表示为：

$$\max Z = AX \tag{11-56}$$

$$\text{st:}\begin{cases} CX \leqslant B \\ DX = E \\ X \geqslant 0 \end{cases} \tag{11-57}$$

对一个实际工程来说,在 X 上有 r 个目标函数 z_i ；对每一个单目标函数 z_i ，都存在一个确定的理想解 z_i^* ，但是总的来说不一定存在 $x^0 \in X$ ，使得 $z_i^* = z_i(x^0)$ ，我们只能找到一个 x ，使得 r 个目标函数 $z_i(x)$ 与 z_i^* 尽量地接近,最直接的方法是最短距离理想点法,求解：

$$\min_{x \in D} f[Z(x)] = \sqrt{\sum_{i=1}^{r} [Z_i(x) - Z_i^*]^2} \tag{11-58}$$

可以得到最优解作为多目标规划的唯一有效解。

11.4　反渗透工程优化配置数学模型

典型的反渗透海水淡化系统包含许多膜组件，它与高压泵、循环泵和能量回收装置相互联系，通过管道等装置的连接共同组成工程的整体。由于反渗透膜组件具有易损耗、易污染等特点，必须从整体上对系统进行合理的设计，对各部分结构和参数进行优化，使之既能稳定、高效地运行，又能明显降低投资费用和能源消耗。反渗透海水淡化工程的优化配置设计问题可以描述为：已知某海水淡化工程当地的水质、水温等条件，基于本书提出的优化方法模型，将工程的膜组件、高压泵、循环泵、能量回收装置和其他装置通过流量、压力等参数联系起来，建立多目标混合整数非线性规划，最终通过该规划模型的求解得出工程各部分参数。

目前对于工程能耗的研究大都从直接能源使用的角度来开展，这种方式实际上属于"末端治理"的方式。仅仅从末端角度分析工程的能耗并不能真正抓住问题的本质，现有的研究常常忽略工程通过虚拟能源贸易产生的体现能源消耗量，由此得到准确性较差的系统评估结果。在上述背景下，本章创新性地考虑了工程中间过程所产生的能耗，规避了仅仅考虑末端能耗的问题，采用系统投入产出网络模拟方法，分析出反渗透海水淡化工程整体产生的能耗，并且将其与工程多目标非线性规划问题相结合，经过优化配置设计得到了各项目的最优配置结果，最终为实现工程的系统性节能作出了重要贡献。

总的年投资费用（TAC）主要包括年投资费用（TCC）、年操作费用（TOC）以及其他费用（TOT）：

$$TAC = TCC + TOC + TOT \tag{11-59}$$

$$= (TCC_{in} + TCC_{hpp} + TCC_{px} + TCC_{zy} + TCC_{m}) \times 1.411 \times 0.08 \tag{11-60}$$

$$TOC = OC_{in} + OC_{hpp} + OC_{zy} \tag{11-61}$$

$$TOT = OT_{labor} + OT_{ch} + OT_{maint} + OT_{other} + OT_{m} \tag{11-62}$$

式中：TCC_{in} ——采水及预处理的投资费用（\$）；

TCC_{hpp} ——高压泵的投资费用（\$）；

TCC_{px} ——PX 能量回收装置的投资费用（\$）；

TCC_{zy} ——循环泵的投资费用（\$）；

TCC_m ——膜组件的投资费用($)；

OC_{in} ——采水及预处理的操作费用($)；

OC_{hpp} ——高压泵的操作费用($)；

OC_{zy} ——循环泵的操作费用($)；

OT_{labor} ——反渗透工程工资福利费用($)；

OT_{ch} ——反渗透工程预处理部分化学试剂费用($)；

OT_{other} ——反渗透工程其他费用($)；

0.08——每年资本支出率；

1.411——计算实际投资的系数。

在计算单位水能耗问题前，需要计算工程总的体现能耗。反渗透工程总的体现能源消耗等于各项目消耗的体现能源之和，各项目与对应的体现能源消耗如表11.2所示。

$$W=\sum_{i=1}^{13}w_i \tag{11-63}$$

$$w_i=I_i\times\varepsilon_i^j \tag{11-64}$$

式中：w_i ——第 i 个子项目的体现能源消耗(J)；

W ——工程总体现能源消耗(J)；

I_i ——第 i 个子项目的年投入资金($)；

ε_i^j ——代表第 i 个子项目分属第 j 个部门的体现能源强度(J/$)。

表11.2 各项目与对应体现能源消耗

序号	项目	体现能耗
1	采水和预处理	$w_1=I_1\times\varepsilon_1^{27}$
2	高压泵	$w_2=I_2\times\varepsilon_2^{17}$
3	循环泵	$w_3=I_3\times\varepsilon_3^{17}$
4	能量回收装置	$w_4=I_4\times\varepsilon_4^{17}$
5	膜组件	$w_5=I_5\times\varepsilon_5^{17}$
6	采水操作费用	$w_6=I_6\times\varepsilon_6^{25}$
7	高压泵操作费用	$w_7=I_7\times\varepsilon_7^{25}$
8	循环泵操作费用	$w_8=I_8\times\varepsilon_8^{25}$

续表 11.2

序号	项目	体现能耗
9	膜组件更换	$w_9 = I_9 \times \varepsilon_9^{17}$
10	化学试剂	$w_{10} = I_{10} \times \varepsilon_{10}^{12}$
11	工资福利	$w_{11} = I_{11} \times \varepsilon_{11}^{37}$
12	维修检护	$w_{12} = I_{12} \times \varepsilon_{12}^{24}$
13	其他	$w_{13} = I_{13} \times \varepsilon_{13}^{38}$

因此，系统单位水的体现能源消耗 W'_E 可表示为：

$$W'_E = \frac{W}{24 \times Q_p \times F} \tag{11-65}$$

式中：W'_E ——系统单位水的体现能源消耗(J/m³)；

W ——工程总体现能源消耗(J)；

Q_p ——工程产水流量(m³/h)；

F ——工程年运行天数。

对于该规划问题来说，其目标函数可表示成：

$$\min: \begin{cases} TAC = TCC + TOC + TOT \\ W'_E = \dfrac{W}{24 \times Q_P \times F} \end{cases} \tag{11-66}$$

约束条件(包括等式约束和不等式约束)：

第一，第 11.2 节系统过程模型中提出的所有系统约束(等式约束)。

第二，满足以下依据约束(不等式约束)：

$$Q_P \geqslant Q_{P\min} \tag{11-67}$$

$$C_P \leqslant C_{P\min} \tag{11-68}$$

第三，满足以下限值约束(不等式约束)：

$$Q_{\min} \leqslant Q_F \leqslant Q_{\max} \tag{11-69}$$

$$P_{\min} \leqslant P_F \leqslant P_{\max} \tag{11-70}$$

式中：$Q_{P\min}$ ——最小产水量(m³/h)；

$C_{P\min}$ ——最小产水浓度(mg/L)；

$Q_{\min}$ ——膜组件的最小流量(m³/h)；

Q_{max} ——膜组件的最大流量(m^3/h)；

P_{min} ——膜组件的最小压力要求(MPa)；

P_{max} ——膜组件的最大压力要求(MPa)。

以上问题属于典型的多目标混合整数非线性规划问题，本研究最终利用 Lingo 软件进行求解，采用“理想点法”。理想点法的思想是将多目标问题转化为单目标问题进行求解，先使用 Lingo 软件的子模型对两个目标函数分别进行单目标求解，利用以上单独求出的最优解做出一个子模型，在上面的程序基础上加上子模型联合求出最优解作为多目标规划的唯一有效解。

11.5 小结

本章主要搭建了反渗透工程配置的数学规划模型，介绍了反渗透工程的组成，然后基于溶解扩散模型分析了工程过程单元模型，提出了工程的一级一段和一级二段工艺结构，紧接着以总投资成本和单位水能耗两个单目标为目标函数搭建单目标混合整数非线性规划，同时满足两个目标函数搭建多目标混合整数非线性规划。最后对反渗透工程的配置过程进一步优化设计，将体现能源概念引入工程配置模型中，得到了完整的工程配置数学模型。

参考文献

[1] 龚军军，贾铭椿. 反渗透预处理及膜清洗方法[J]. 海军工程大学学报，2000(6)：66-70.

[2] 王文亮. 工业废水回用工程中反渗透的预处理方式[J]. 化学工程与装备，2009(10)：193-194.

[3]马颖颖，衣守志，曲达. 反渗透海水淡化的预处理方法研究进展[J]. 杭州化工，2007(4)：24-26.

[4] Filippini G.，Al-Obaidi M. A.，Manenti F.，et al. Design and Economic Eevaluation of Solar-powered Hybrid Multi Effect and Reverse Osmosis System for Seawater Desalination[J]. Desalination，2019，465：114-125.

[5] 张晋涛，淘如钧，郭捷，等. PX 能量回收装置流量控制和节能策略试验研

究[J]. 能源与节能,2015,11：83-85.

[6] 曾文欣.第四代能量回收装置的发展[J]. 水处理技术,2005,31(4)：83-83.

[7] 潘玉强，宁尚海，吴奇,等.PX 能量回收装置在纳滤精制卤水中的应用分析[J]. 纯碱工业,2019(6):3-6.

[8] 赵冬阳，杨海军，司芬改.海水淡化系统中能量回收装置的设计与应用[C]// 2013 中国给水排水杂志社第十届年会暨饮用水安全保障及水环境综合整治高峰论坛论文集,2013:110-113.

[9] 卢彦越.反渗透膜法海水淡化过程最优化设计的研究[D]. 青岛：中国海洋大学,2007.

[10] 卢彦越，胡仰栋，徐冬梅,等.反渗透海水淡化系统的优化设计[J]. 水处理技术,2005,31(3)：9-14.

[11] 时均，袁权，高从楷.膜技术手册[M]. 北京：化学工业出版社,2001:200-203.

[12] 杜鹏，李琳，王金成.海水淡化处理技术的方法及成本分析[J]. 工程造价管理,2018(2)：70-75.

[13] 杜亚威.渗透海水淡化网络系统的优化研究[D]. 天津：天津大学,2011.

[14] 林锉云，董加礼.多目标优化的方法与理论[M]. 长春：吉林教育出版社：1992,52-62.

[15] 公茂果，焦李成，杨咚咚,等.进化多目标优化算法研究[J]. 软件学报,2009,20(2)：271-289.

第12章

反渗透海水淡化工程优化配置应用实例

12.1 引言

第11章对反渗透海水淡化工程进行了系统的配置与设计，并提出了反渗透工程配置的数学模型。本章首先将体现能源概念引入数学模型中，在满足产水要求和总投资成本的前提下，从系统整体上考虑能耗问题，探讨了工程能源消耗与总投资水平之间的关系。然后分析了能量回收装置对工程节能潜力与配置的影响，强调了能量回收装置对海水淡化工程的重要性。能量回收装置虽然可以在运行过程中有效回收由反渗透膜流出高压浓水的能量，有效减少能耗，但是其本身价格可能会导致工程总投资成本的升高，因此本章对反渗透工程有无能量回收装置两种工况进行了设计与优化，同时评估了该装置对工程配置与节能潜力的影响。

12.2 模型求解结果与讨论

12.2.1 体现能源概念下系统的最优配置

体现能源的消耗贯穿于工程的始终，将其带入工程的数学模型中、探究工程整个过程中的能耗情况、从整体系统上对工程进行优化配置和设计是一项非常重要的工作。本节以反渗透一级一段工艺结构为例，探究是否考虑体现能源消耗时两种情况下的系统配置优化结果。

现假定在河北省某地修建一个反渗透海水淡化工程，当地给水温度为25 ℃，要求最低产水量为125 m^3/h，产水含盐量最高为500 mg/L。分别在工程设计工作过程中引入和不引入体现能源，以多目标优化模型对反渗透工程进行配置设计，最终得到了工程总投资水平和单位产水能耗大小随给水含盐量的变化曲线，如图 12.1 所示。从图 12.1(a)中可以看出，将体现能源引入到工程的设计配置中，计算得到的总投资水平较低，从这方面来看通过将体现能耗部分引入工程的优化设计中可有效降低总投资成本。根据 12.1(b)所示，将体现能源引入到工程的设计配置中，工程单位水能耗明显要大于不考虑体现能耗的情况，这主要是因为本研究考虑到了工程整个产业链中的能源消耗，较直接能耗能够更加全面反映工程真正耗能的部分。将体现能耗带入工程中，综合考虑工程中间过程中的体现能耗，这部分能耗往往是设计工作者容易忽视的地方。本研究将其引入工程的设计问题中，为从根本上减少工程能耗提供数据参考。

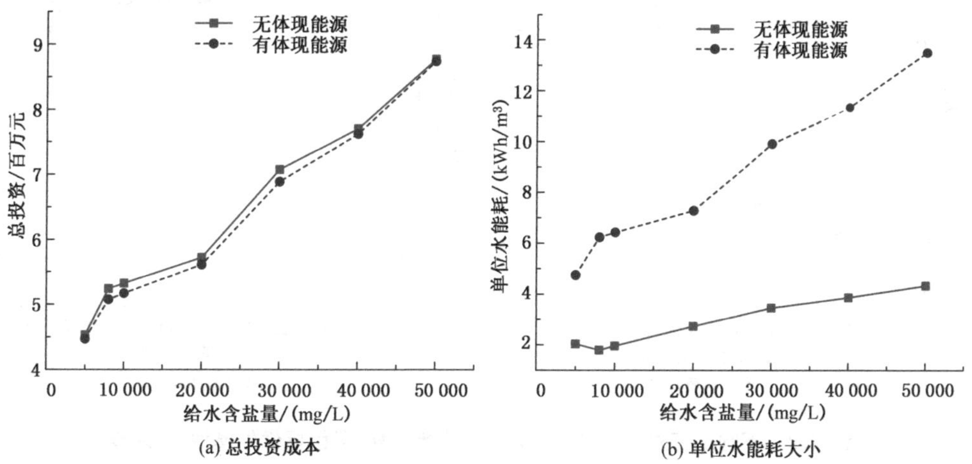

图 12.1 体现能源对工程总投资和单位产水能耗的影响

12.2.2 两种反渗透工艺结构间系统的最优配置

上节以一级一段反渗透工艺为例，说明了将体现能源引入工程的设计工作的重要性。两种不同的反渗透工艺，工程的配置结果也必然不同，本小节主要以反渗透海水淡化工程的一级一段和一级二段两种工艺结构为研究对象，在不同的给水含盐量背景下，针对两种反渗透工艺之间的抉择问题做出了探讨。

将体现能源引入反渗透工程多目标优化模型中，通过 Lingo 软件进行求解后，两种反渗透工艺下工程总投资水平和单位产水能耗变化情况如图 12.2 所示。整体来看，随着给水含盐量的增加，总投资成本和单位水能耗水平也不断增加。而综合比较图 12. 2(a)和 12.2(b)发现：给水含盐量在 5 000～14 000 mg/L 时，无论是总

投资成本，还是单位水能耗，采用反渗透一级二段工艺时均较低，此时工程采用一级二段工艺结构更优；给水含盐量在 14 000～21 000 mg/L 时，工程采用反渗透一级一段工艺更优；给水含盐量在 21 000～40 000 mg/L 时，工程采用反渗透一级二段工艺更优；给水含盐量在 40 000～50 000 mg/L 时，工程采用反渗透一级一段工艺更优。出现上述现象的主要原因是两种工艺结构组成的不同，一级二段比一级一段工艺多了一段过滤过程，虽然增加了反渗透膜等装置投资和使用能耗的问题，但是其增加了产水流量，使得预处理阶段和进水阶段高压泵的能耗水平均较低，因此在不同给水含盐量时，两种工艺的最优选择问题也是不同的。

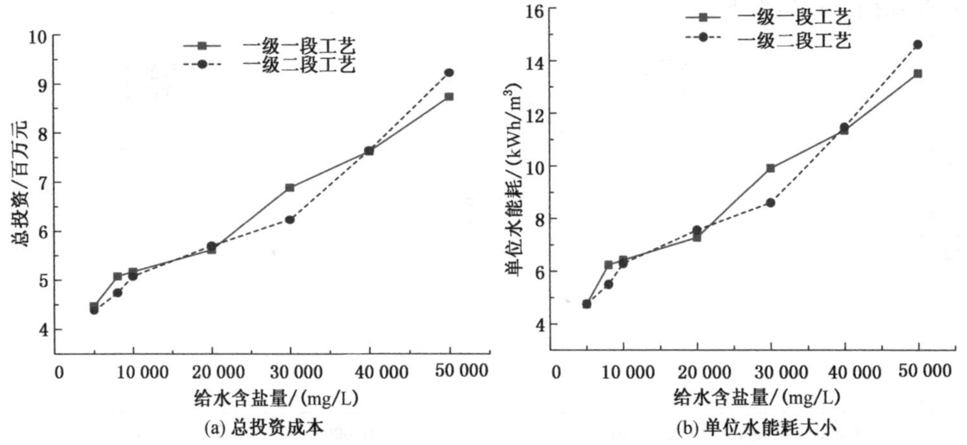

图 12.2 不同工艺对工程总投资和单位产水能耗(多目标优化模型)的影响

12.3 实例分析

利用 11.3.2 提出的数学规划模型对某项反渗透海水淡化工程进行设计，假定该目标工程位于河北省，要求最低产水量为 125 m^3/h，最低含盐量为 500 mg/L，已知当地水温条件为 25 ℃，给水含盐量为 40 000 mg/L，工程采用一级一段工艺结构，以多目标规划模型对工程进行优化配置设计(工程引入体现能源)，评估工程的节能潜力。表 12.1 为工程在多目标优化模型设计配置后的结果。

将体现能源作为目标函数最终得到的工程总投资费用较小，但是单位水的体现能源消耗明显要大于单位水的直接能耗，这主要是引入体现能源概念而引起的。配置设计结果的不同也会引起工程能耗的不同，以上工程总的能耗为1.26×10^7 kWh，将此实例的结果带入能耗水平的计算公式后，得出此体现能源消耗度 *ESE* 值为 4.32，对比未将体现能源概念引入工程设计工作（仅仅将体现能耗带入最终配置结果）的能源消耗度 *ESE* 值（等于 8.24），将体现能源概念引入反渗透工程设计工作后体现能源消耗度有明显降低的趋势，证实了体现能源概念能够与反渗透工程的配置设计工作进行良好的对接。体现能耗能够反映出工程整体完整阶段的能源消耗，将其引入工程的设计工作中能够系统地解决能耗问题。

表 12.1 多目标函数优化设计结果

流程	一级一段工艺
产水流量	125.00 m^3/h
产水浓度	231.70 mg/L
总投资费用	7.63×10^6 元
单位水成本	7.06 元/m^3
单位水能耗	11.47 kWh/m^3
膜组件型号	中空纤维膜组件（高脱盐膜）
膜组件数量	229 个（膜面积为 152 m^3/个）
PX 能量回收装置流量	175.80 m^3/h
高压泵流量	126.50 m^3/h
高压泵操作压力	8.30 MPa
循环泵流量	174.30 m^3/h
循环泵操作压力	8.30 MPa
总给水流量	300.80 m^3/h

经过配置设计后工程各项目的能耗分布如图 12.3 所示，可以发现比较重要的几个项目分别为采水和预处理部分、高压泵操作部分、膜组件部分，其占比分别为 31.37%、23.18%和 22.82%。能量回收装置是反渗透海水淡化工程中非常重要的装置，其可以大幅度降低工程使用中的能耗和最终产水的成本，在本案例分析中其能耗占比仅仅为 1.38%，说明其在购置阶段以极少的体现能耗代价换取了运行阶段极高的能量回收，从这一方面可以看出能量回收装置的重要作用。

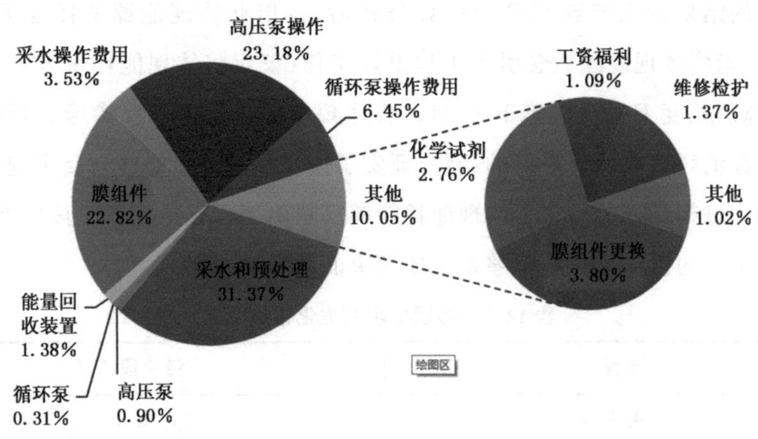

图 12.3　工程各项目能耗占比

12.4　能量回收装置对工程节能潜力的影响

12.4.1　从直接能耗的角度研究

无能量回收装置时，流经反渗透膜的高压浓盐水不予回收其能量，图 12.4 为无能量回收装置的反渗透一级一段工艺结构图。对此建立工程数学模型的过程与上文类似，在此不再赘述。

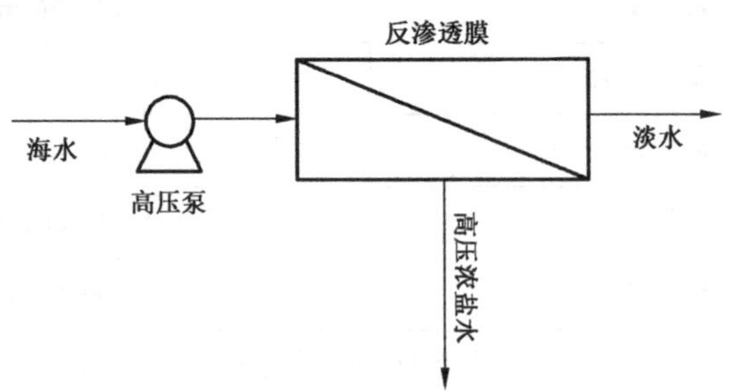

图 12.4　反渗透一级一段(无能量回收装置)工艺结构

通过数学规划问题的求解得出的结果与上文有能量回收装置时的优化结果对比，最终绘制出图 12.5。从图中可以看出，当给水含盐量较低时，工程有能量回收装置时的能耗相对较高，这主要是因为增加能量回收装置也会增加总投资成本，利用多目标规划模型进行求解时，在总投资水平与单位水能耗的权衡中产生了这种现象。而给水含盐量较高时，能量回收装置能够显著降低工程能耗。

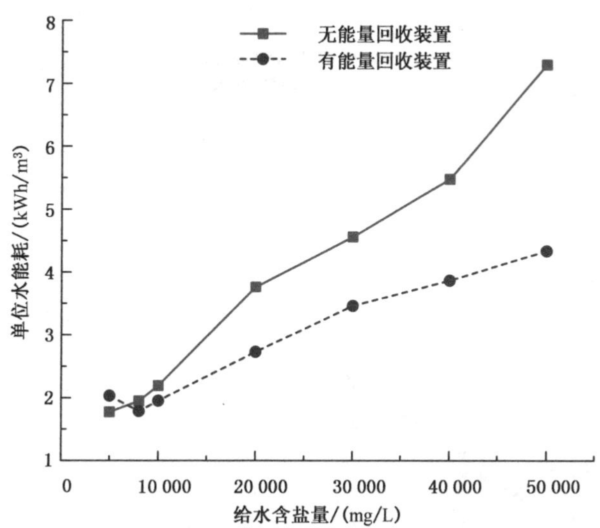

图 12.5　有无能量回收装置一级一段工艺单位水能耗对比

在反渗透一级二段工艺结构中，从第一段反渗透膜留出的高压浓水经过增压泵的增压后，作为第二段反渗透膜的进水，而第二段反渗透膜留出的高压浓水不予考虑，图 12.6 为无能量回收装置反渗透一级二段工艺结构。对此建立工程数学模型的过程与上文类似，在此也不再赘述。

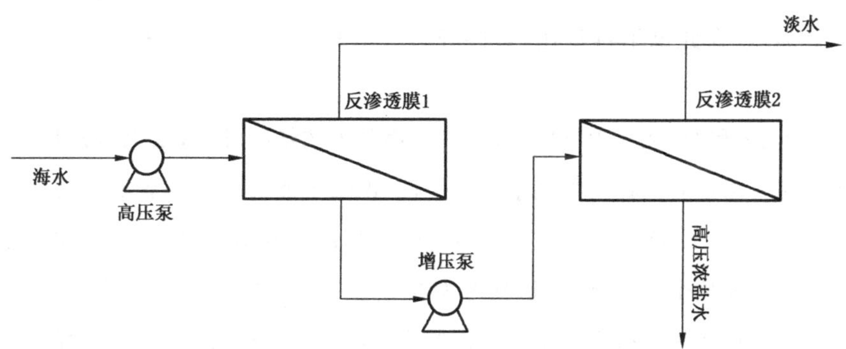

图 12.6　反渗透一级二段(无能量回收装置)工艺结构

利用第 11 章提出的方法对其建立多目标优化模型，通过计算得到的结论与上文有能量回收装置时的优化结果对比，最终绘制了图 12.7。从图中可以看出，当反渗透海水淡化工程采用一级二段工艺时，加入能量回收装置能够有效减少单位水能

耗，且随着给水含盐量的增加，能量回收装置降低单位水能耗的作用越明显。

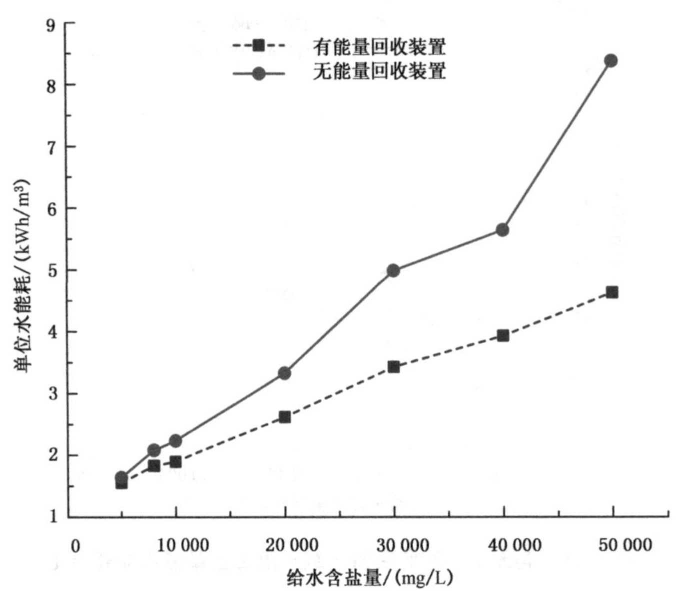

图 12.7　有无能量回收装置一级二段单位水能耗对比

12.4.2　从体现能耗的角度研究

上节从直接能耗的角度对工程的节能潜力进行了分析，本节从体现能耗的角度对工程展开研究，一级一段和一级二段工艺结构和上图一致，模型的建立过程也与上文类似，在此也不再赘述，最终经过计算得到了图 12.8 和图 12.9 所示的结果。

从图 12.8 和图 12.9 中可以看出，不论哪种工艺结构，随着给水含盐量的增加，带有能量回收装置的工程的能耗水平均较低，说明了能量回收装置的重要作用。与第 12.4.1 节用直接能耗带入工程模型进行计算得到的结果略有不同，体现能源消耗存在于工程的整个产业链中，将其考虑在工程的设计问题中是十分重要的，并且得出了与用直接能耗进行设计不一样的结果，为工程能够系统地节约能耗问题提供了有效的解决方案。

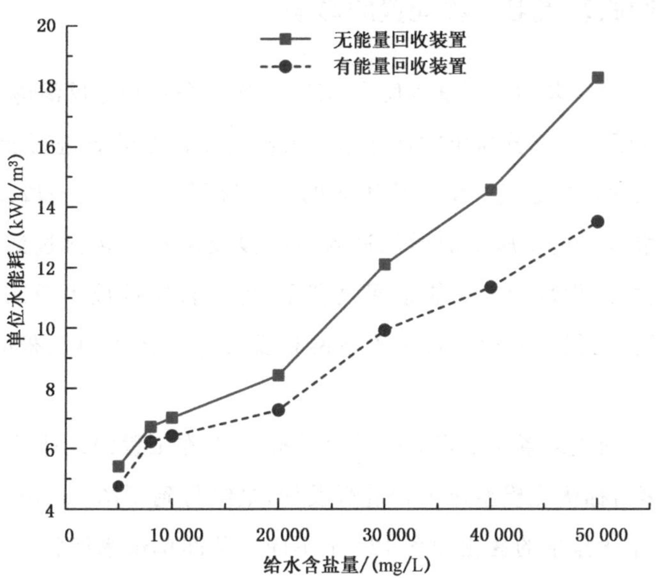

图 12.8　有无能量回收装置一级一段工艺单位水能耗对比(引入体现能源)

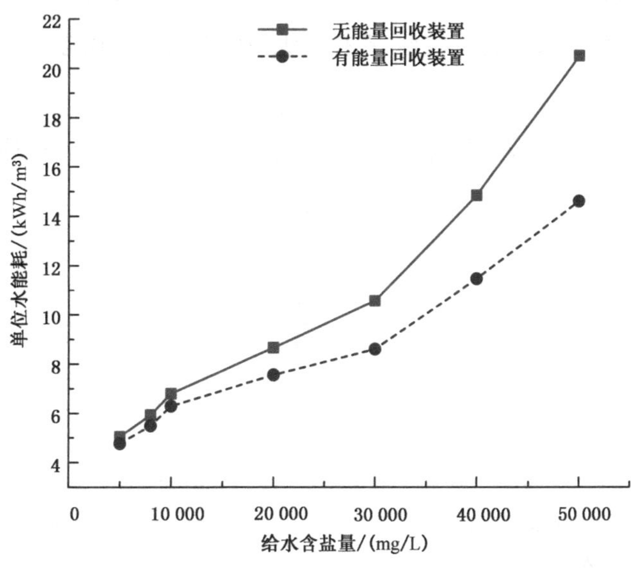

图 12.9　有无能量回收装置一级二段工艺单位水能耗对比(引入体现能源)

12.5 能量回收装置对工程配置的影响

原海水经过高压泵的增压进入反渗透膜，一部分海水经过反渗透膜的过滤产生了低压的淡水，而另一部分高压的浓盐水可流经能量回收装置进行能量的回收，也可直接排放不予回收，这是一级一段工艺的工艺流程。经过第一段反渗透膜组件的过滤，高压浓水经过增压泵的增压进入下一段反渗透膜再次过滤，产生的高压浓水可利用能量回收装置进行能量回收利用，也可直接排放不予回收，这是一级二段工艺的工艺流程。能量回收装置在两种反渗透工艺中对工程的配置有着不同的要求。

为探究能量回收装置对工程的配置的影响，本节在工程的设计过程中引入了体现能源，利用多目标优化模型对工程进行设计，最终得到了图 12.10 不同工艺间总投资成本随给水含盐量的变化和图 12.11 不同工艺间单位水能耗随给水含盐量的变化。从图中可以发现，有无能量回收装置对于反渗透两种工艺结构的选择问题的答案是相同的。总体来看，给水含盐量较低时，无论总投成本还是单位水能耗一级二段工艺都较低，选择一级二段工艺更具优势；给水含盐量较高时，无论总投成本还是单位水能耗一级一段工艺都较低，选择一级一段工艺更具优势。

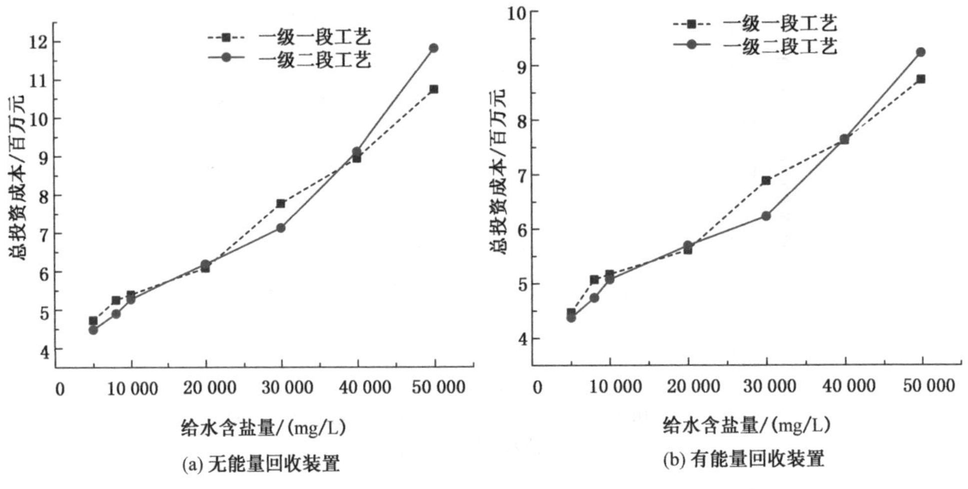

图 12.10 不同工艺间总投资成本随给水含盐量的变化

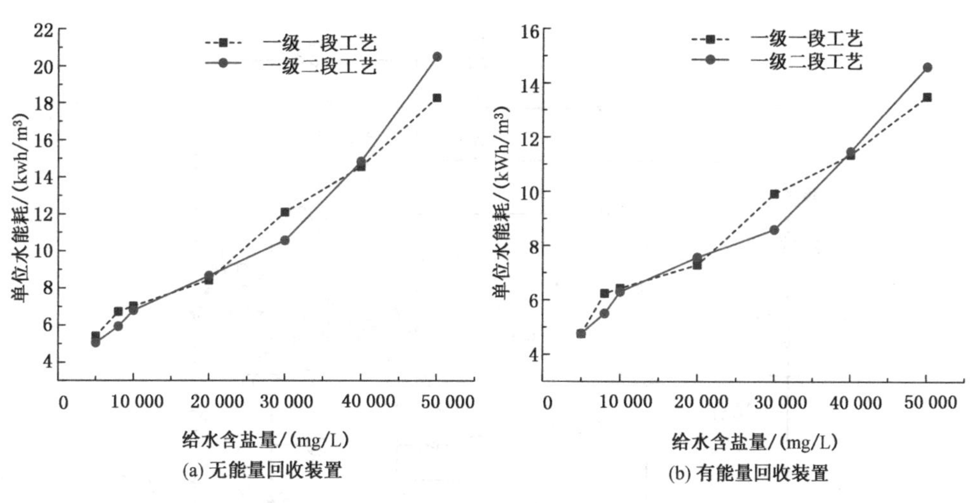

(a) 无能量回收装置　　(b) 有能量回收装置

图 12.11　不同工艺间单位水能耗随给水含盐量的变化

12.6　泵-马达能量回收试验台模拟试验

本节基于现有泵-马达能量回收试验台来展开模拟实验，试验台可模拟反渗透海水淡化过程且具有能量回收的功能。由于实验条件的限制，无法完全按照反渗透工艺进行实验，本部分主要对上文研究方法的准确性进行实验。针对该试验台的结构重新搭建数学模型并利用 Lingo 软件求解，与实际测得的数据相对比可验证本书研究方法的准确性。

12.6.1　试验台组成

图 12.12 为泵-马达能量回收试验台原理图，图中虚线方框标记的部分为泵-马达式能量回收装置，其与上文采用的 PX 能量回收装置不同之处在于该部分集高压泵增压与能量回收部分于同一根轴上，工作过程中可以将油液流过负载后多余的能量通过马达回收，然后经过转轴的传递反馈给双出轴电机，从而降低了电机的能耗，达到能量回收的目的。表 12.2 为试验台主要元件的清单组成。

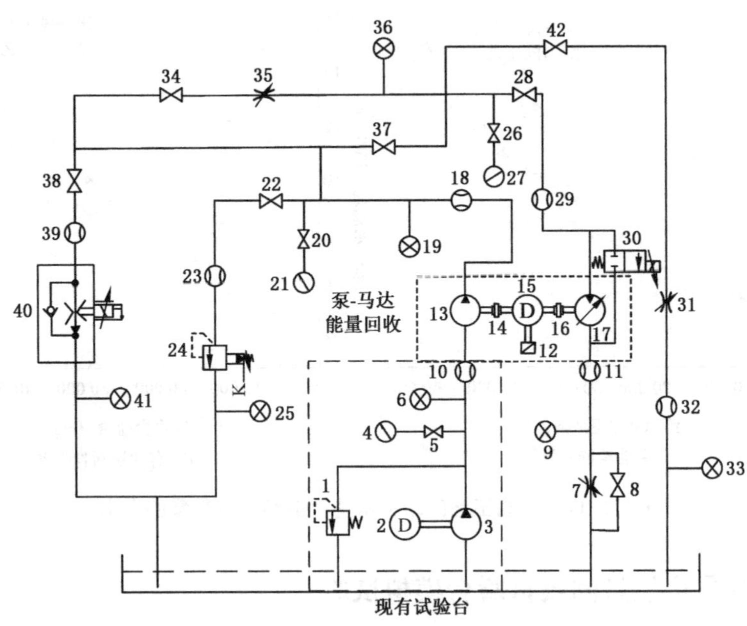

图 12.12　泵-马达能量回收试验台系统原理图

表 12.2　试验台主要元件清单

序号	元件名称	序号	元件名称
1	溢流阀	12	电功率测量仪
2	电动机	13	轴向柱塞泵
3	叶片提升泵	14、16	转矩转速传感器
4、21、27	压力表	15	双出轴电机
5、20、26	压力表开关	17	轴向柱塞变量马达
6、9、19、25、33、36、41	压力变送器	23、39	数显式流量计
7、31、35	节流阀	24	先导式溢流阀
8、22、28、34、37、38、42	截止阀	30	电磁换向阀
10、11、18、29、32	流量传感器	40	电比例节流阀

图 12.13 为能量回收试验平台数据采集系统原理图，通过控制截止阀 22 和 28 的开启和关闭改变液压源的流向，从而使此试验台实现不同的功能。(1)首先打开截止阀 22，关闭截止阀 28，此时马达不回收能量，为了防止马达的损坏，应将手动变量马达的排量调节为 0 mL/r，此时该试验台可作为传统溢流阀稳压液压源；(2)将截止阀 28 开启，关闭截止阀 22 时，调节手动变量马达的排量大于 0 mL/r，使其能够回收油液中多余的能量，此试验台可作为泵-马达能量回收新型液压源，此时也可

以打开截止阀 22,此时先导式溢流阀 24 不能起溢流稳压的作用,而是作为安全阀来使用,图 12.14 为能量回收试验平台实物图。

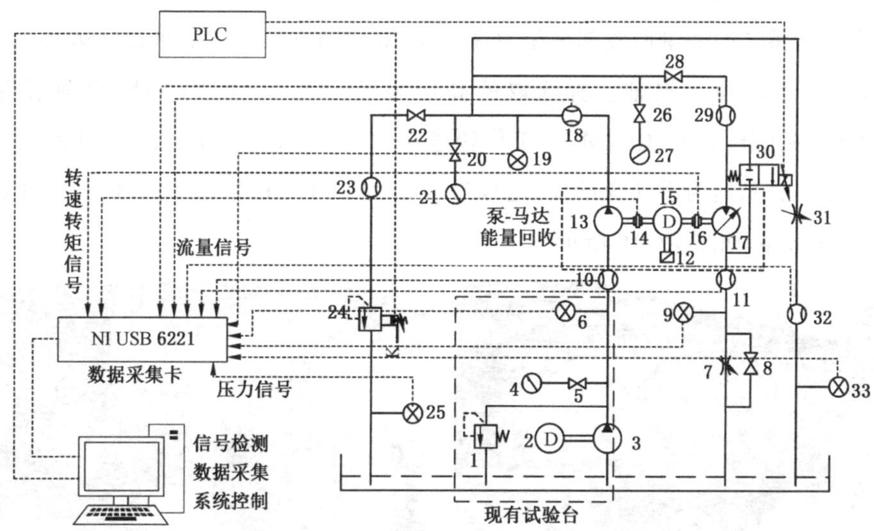

图 12.13　能量回收试验平台系统原理图

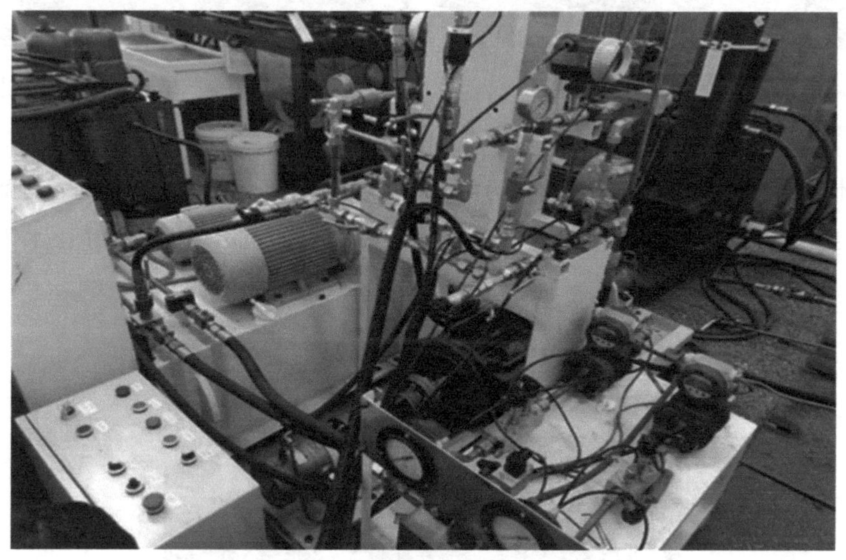

图 12.14　能量回收试验平台实物图

12.6.2 设备与仪器仪表选型

(1) 泵-马达能量回收部分

本试验系统的能量回收部分是由高压泵、双出轴电机和能量回收马达共三部分组成,且均共用同一根轴。所选取的高压泵型号为 10MCY14-1B,公称排量为 10 mL/r、额定压力为 31.5 MPa、工作转速为 1 500 r/min,如图 12.15 所示。所选取的能量回收马达为手动变量式,型号为 10SCM14-1B,排量为 10 mL/r、工作转速为1 500 r/min,如图 12.16 所示。

图 12.15 斜盘式轴向柱塞泵　　图 12.16 斜盘式轴向柱塞变量马达

(2) 负载模拟部分

本试验系统中,先导式溢流阀作为负载,模拟反渗透部分所带来的压降。其型号是 DB10G-2-30B/315,最大压力可达 63 MPa,流量高达 330 L/min,实物图如图 12.17 所示。

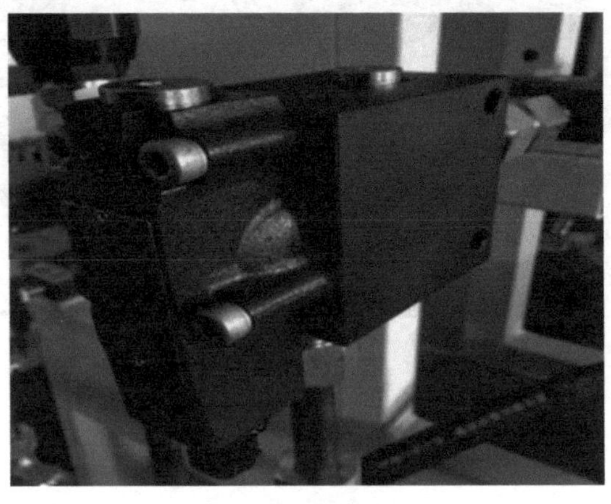

图 12.17 先导式溢流阀

(3) 数据检测部分

将转速转矩传感器分别安装在电机的左右两侧,用于分别测量高压泵正常运转所需的转速和转矩以及马达回收能量后反馈给轴的转速和转矩,最后测算电机输出总功率的大小。采用的转速转矩传感器型号为 JN338-A,其实物图如图 12.18 所示。

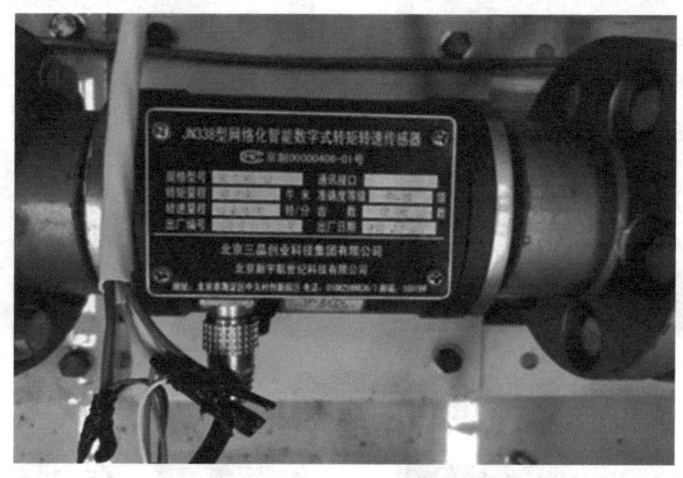

图 12.18　转矩转速传感器

试验台中用于检测流量大小的装置主要有数显式流量计以及液体涡轮流量传感器两种,实物见图 12.19,数显式流量计的型号为 XFTY10S15CSH(x)N;液体涡轮流量传感器的型号为 10S15ASH(x)N,流量范围(0.2～1.2)m^3/h,压力 25 MPa。用于检测压力的装置也主要有压力表和压力传感器两种,实物图如图 12.20 所示,压力表用于方便观测调定的压力值,压力传感器为了测量实验时短时间节点的压力值,压力表测量范围 0～25 MPa、精确度±2.5%的 YN-100;压力变送器型号为 PM80,精度 0.5%F・S,量程为－0.1～100 MPa。

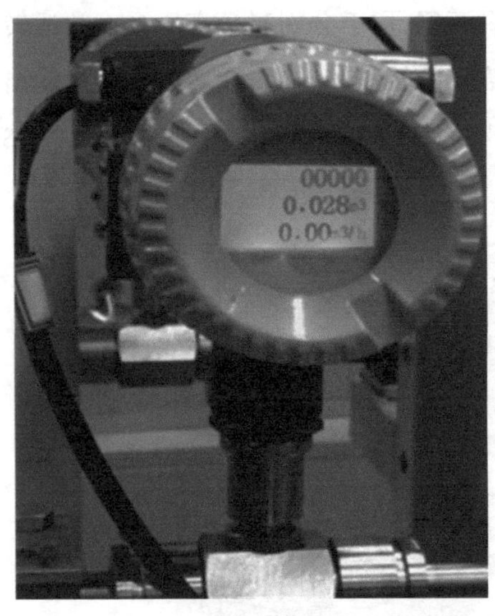

(a) 数显式流量计

(b) 流量传感器

图 12.19　流量检测装置

(a) 压力表

(b) 压力变送器

图 12.20　压力检测装置

12.6.3　泵-马达式能量回收型试验台数学规划模型

(1) 工作过程模型

本实验的目的主要是针对现有泵-马达能量回收型试验台验证本书提出的理论模型的正确性，而本试验台的组成结构与上文提出的反渗透海水淡化工艺结构存在着一定的不同，主要是在本试验台中将变量马达作为能量回收装置，而反渗透工艺中采用 PX 能量回收装置，因此有必要针对现有试验台搭建相应的过程模型。本试验台可模拟无能量回收海水淡化试验台和泵-马达能量回收海水淡化试验台，分别如图 12.21 和 12.22 所示。

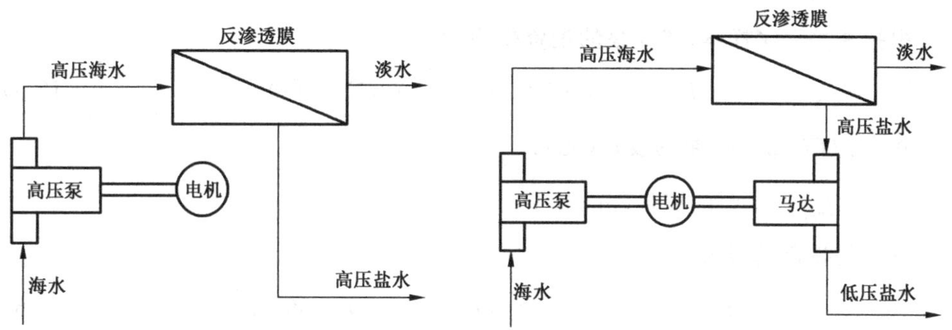

图 12.21　无能量回收模拟海水淡化试验台　　图 12.22　泵-马达能量回收模拟海水淡化试验台

试验台各元件前后满足的流量、压力平衡等关系与本书第 11 章类似，在此不再赘述。泵-马达能量回收装置与上文的 PX 能量回收装置有所差别，因此本节主要针对图 12.22 建立相应模型，此模型满足以下约束：

$$P_B - P_F = \Delta P_{throttle} \tag{12-1}$$

$$P_{总功率} = (P_{hpp} - P_{motor}) / \eta_{electric} \tag{12-2}$$

$$P_{hpp} = \Delta P_{hpp} \times Q_{hpp} / \eta_{hpp} \tag{12-3}$$

$$P_{motor} = \Delta P_{motor} \times Q_{motor} / \eta_{motor} \tag{12-4}$$

式中：P_B——高压盐水压力(MPa)；

P_F——高压原水压力(MPa)；

$\Delta P_{throttle}$——节流阀进出口的压差(MPa)；

P_{hpp}——高压泵功率(kW)；

$P_{总功率}$——系统总功率(kW)；

P_{motor}——马达功率(kW)；

$\eta_{electric}$——电机效率；

ΔP_{hpp}——高压泵进出口压力差(MPa)；

Q_{hpp}——高压泵流量(m^3/h)；

η_{hpp}——高压泵效率；

ΔP_{motor}——马达进出口压力差(MPa)；

Q_{motor}——马达流量(m^3/h)；

η_{motor}——马达效率。

根据相关厂家样本，建立泵的投资模型为：

$$TCC_{hpp}=161\times(Q_{hpp}-0.45)+430 \tag{12-5}$$

式中：TCC_{hpp}——泵的投资(元)；

Q_{hpp}——泵的流量(m^3/h)。

马达的投资模型为：

$$TCC_{motor}=96.44\times(Q_{motor}-0.9)+590.24 \tag{12-6}$$

式中：TCC_{motor}——马达的投资(元)；

Q_{motor}——马达的流量(m^3/h)。

双出轴电机的投资模型为：

$$TCC_{electric}=110.77\times(P_{electric}-5.5)+920 \tag{12-7}$$

式中：$TCC_{electric}$——电机的投资(元)；

$P_{electric}$——电机的功率(kW)。

本试验台中采用节流阀来模拟反渗透膜，反渗透膜前后的压降等于节流阀前后的压差，节流阀压差参考样本手册中压差随流量的变化曲线，如图 12.23 所示。本实验台节流阀的型号为：MG-6-G/1.2，通径为 6，根据图 12.23 可拟合得到：

$$\Delta P_{throttle}=0.05+0.043\times Q_{throttle} \tag{12-8}$$

式中：$\Delta P_{throttle}$——节流阀进出口压力差(MPa)；

$Q_{throttle}$——节流阀的流量(L/min)。

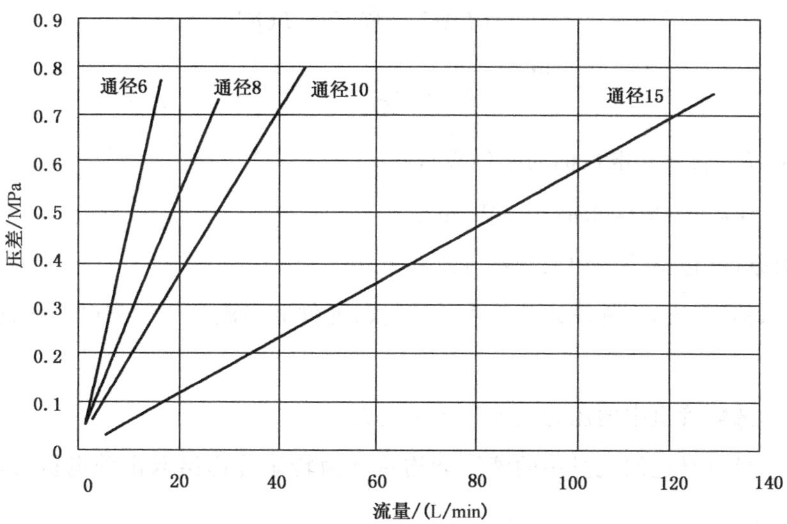

图 12.23　节流阀进出口压差随流量变化曲线

(2) 数学规划模型的建立

泵-马达式能量回收型反渗透海水淡化试验台数学模型的建立过程与上文类似，总的年投资费用主要包括年投资费用、年操作费用：

$$TAC = TCC + TOC \tag{12-9}$$

$$TCC = (TCC_{hpp} + TCC_{motor} + TCC_{electric} + TCC_{m}) \times 1.411 \times 0.08 \tag{12-10}$$

$$TOC = OC_{electric} \tag{12-11}$$

式中：TAC——年投资费用(元)；

TCC——设备投资费用(元)；

TOC——年操作费用(元)；

TCC_{hpp}——高压泵的投资费用(元)；

TCC_{motor}——马达的投资费用(元)；

$TCC_{electric}$——电机的投资费用(元)；

$OC_{electric}$——电机的操作费用(元)；

0.08——每年资本支出率；

1.411——计算实际投资的系数。

于是该规划问题可以表述为：

目标函数：

$$\min:\begin{cases} TAC = TCC + TOC \\ W_E = \dfrac{P_{electric}}{Q_P} \end{cases} \tag{12-12}$$

式中：$P_{electric}$——电机的功率（kW）；

W_E——单位水能耗（kW/m³）。

约束条件（包括等式约束和不等式约束）：

第一，前支（段）元件流入流量为前支（段）元件流出流量与后支（段）元件流入流量之和；

第二，忽略管道中的压力损失和流量损失；

第三，经过马达的流量中的液压能均转化为转矩传递给双出轴电机，假设不存在能量的损耗。

本试验台所选的泵为定量泵，其流量固定，因此不能和上文提出的模型一样最终配置出最佳进水和出水流量，针对本试验台只能通过调节马达的排量和节流阀的开口度模拟不同出水流量的工况。为此，此模型分别给出了出水流量分别控制为 0.5 m³/h、0.6 m³/h、0.7 m³/h 和 0.8 m³/h 时，对应系统的能耗情况。

通过 Lingo 软件包的求解，最终得到了不同出水流量下系统的总能耗。无能量回收装置时如表 12.3 所示，有泵-马达能量回收装置时如表 12.4 所示。从表 12.3 可以看出随着执行元件流量的不断改变，最终算得的系统功耗不发生改变，这主要是由于溢流阀和节流阀带来的能量损失较液压泵小，在建模中将其忽略不计。比较两个表中的数据发现，含有泵-马达能量回收装置的系统能够较明显地降低能耗，且随着流经能量回收装置的流量越大，其降低能耗的作用越明显。

表 12.3　无能量回收装置

执行元件流量/(m³/h)	0.5	0.6	0.7	0.8
总功率/kW	5.068	6.081	7.095	8.108
功耗/(kWh/m³)	10.136	10.135	10.136	10.135

表 12.4　有能量回收装置

执行元件流量/(m³/h)	0.5	0.6	0.7	0.8
总功率/kW	3.618	4.418	5.218	6.018
功耗/(kWh/m³)	7.236	7.363	7.454	7.522

12.6.4 试验方案设计和结果分析

在有能量回收装置时，测量系统的能耗。首先将溢流阀的压力调节为20 MPa，此时溢流阀只作为安全阀使用。打开截止阀 28，通过实时反馈流量传感器 32 的信号将节流阀 31 的流量分别控制为 0.5 m^3/h、0.6 m^3/h、0.7 m^3/h 和 0.8 m^3/h，不断调节变量马达排量的排量将泵出口压力控制为 8 MPa。最后通过测量转速和转矩传感器的反馈值计算系统在执行元件流量不同时的总能耗。

表 12.5　无能量回收系统的总功率

执行元件流量/(m^3/h)	0.5	0.6	0.7	0.8
总功率/kW	5.324	6.442	7.562	8.532
功耗/(kWh/m^3)	10.648	10.737	10.803	10.665

表 12.6　有能量回收系统的总功率

执行元件流量/(m^3/h)	0.5	0.6	0.7	0.8
总功率/kW	3.826	4.953	5.789	6.654
功耗/(kWh/m^3)	9.652	10.255	10.270	10.318

根据表 12.5、12.6 中的数据可以发现，含有能量回收装置的系统可以有效降低能耗，与上节利用该试验台做出模型后所得到的结果相对比，发现实际测得的数据值略大，但是两者的趋势基本一致，这可能是实验装置泄露和机械效率等原因导致了这样的现象。

12.7 小结

本章首先对将体现能源概念引入第 11 章提出的工程配置模型中，得到了完整的工程配置数学模型。在直接能耗和体现能耗两种不同背景下，将模型求解的结果相对比，发现引入体现能源的模型求解后投资成本更低，主要是由于体现能源更能反映出工程整体性耗能情况，所以体现能耗更适用于工程的设计与配置工作。引用实例进行分析，发现将其引入工程的设计中得到的结果更优，能耗水平值在将体现能源引入工程设计工作后明显降低。同时发现了能量回收装置具有以极少体现能源消耗代价换取极高能量回收的作用，随后探究了能量回收装置对反渗透海水淡化工程的作用。从直接能耗和体现能耗两方面探究能量回收装置对工程节能潜力的

影响，并基于一级一段和一级二段两种工艺探究了能量回收装置对工程配置的影响，最后基于现有泵-马达能量回收试验台进行试验。由于实验条件的限制，无法完全按照反渗透的工艺结构进行试验，基于现有试验台的结构搭造了其数学模型并且求解出了其功耗大小，和试验的结果进行了对比，发现结果相差不大，说明了本研究方法的准确性。

参考文献

[1] 王忠阳.反渗透海水淡化工程的节能潜力评估与系统配置优化[D].秦皇岛:燕山大学,2021.

附 表

附表 1 Eora 多区域经济投入产出表的 186 个国家/地区

序号	名称	缩写	序号	名称	缩写	序号	名称	缩写
1	阿富汗	AFG	22	不丹	BTN	43	哥斯达黎加	CRI
2	阿尔巴尼亚	ALB	23	玻利维亚	BOL	44	克罗地亚	HRV
3	阿尔及利亚	DZA	24	波斯尼亚和黑塞哥维那	BIH	45	古巴	CUB
4	安道尔	AND	25	博茨瓦纳	BWA	46	塞浦路斯	CYP
5	安哥拉	AGO	26	巴西	BRA	47	捷克共和国	CZE
6	安提瓜	ATG	27	英属维尔京群岛	VGB	48	科特迪瓦	CIV
7	阿根廷	ARG	28	文莱	BRN	49	朝鲜	PRK
8	亚美尼亚	ARM	29	保加利亚	BGR	50	刚果民主共和国	COD
9	阿鲁巴	ABW	30	布基纳法索	BFA	51	丹麦	DNK
10	澳大利亚	AUS	31	布隆迪	BDI	52	吉布提	DJI
11	奥地利	AUT	32	柬埔寨	KHM	53	多明尼加共和国	DOM
12	阿塞拜疆	AZE	33	喀麦隆	CMR	54	厄瓜多尔	ECU
13	巴哈马	BHS	34	加拿大	CAN	55	埃及	EGY
14	巴林	BHR	35	佛得角	CPV	56	萨尔瓦多	SLV
15	孟加拉国	BGD	36	开曼群岛	CYM	57	厄立特里亚	ERI
16	巴巴多斯	BRB	37	中非共和国	CAF	58	爱沙尼亚	EST
17	白俄罗斯	BLR	38	乍得	TCD	59	埃塞俄比亚	ETH
18	比利时	BEL	39	智利	CHL	60	斐济	FJI
19	伯利兹	BLZ	40	中国	CHN	61	芬兰	FIN
20	贝宁	BEN	41	哥伦比亚	COL	62	法国	FRA
21	百慕大	BMU	42	刚果	COG	63	法属波利尼西亚	PYF

续附表 1

序号	名称	缩写	序号	名称	缩写	序号	名称	缩写
64	加蓬	GAB	91	科威特	KWT	118	纳米比亚	NAM
65	冈比亚	GMB	92	吉尔吉斯斯坦	KGZ	119	尼泊尔	NPL
66	格鲁吉亚	GEO	93	老挝	LAO	120	荷兰	NLD
67	德国	DEU	94	拉脱维亚	LVA	121	荷属安的列斯	ANT
68	加纳	GHA	95	黎巴嫩	LBN	122	新喀里多尼亚	NCL
69	希腊	GRC	96	莱索托	LSO	123	新西兰	NZL
70	格陵兰	GRL	97	利比里亚	LBR	124	尼加拉瓜	NIC
71	危地马拉	GTM	98	利比亚	LBY	125	尼日尔	NER
72	几内亚	GIN	99	列支敦士登	LIE	126	尼日利亚	NGA
73	圭亚那	GUY	100	立陶宛	LTU	127	挪威	NOR
74	海地	HTI	101	卢森堡	LUX	128	加沙地带	PSE
75	洪都拉斯	HND	102	中国澳门	MAC	129	阿曼	OMN
76	中国香港	HKG	103	马达加斯加	MDG	130	巴基斯坦	PAK
77	匈牙利	HUN	104	马拉维	MWI	131	巴拿马	PAN
78	冰岛	ISL	105	马来西亚	MYS	132	巴布亚新几内亚	PNG
79	印度	IND	106	马尔代夫	MDV	133	巴拉圭	PRY
80	印尼	IDN	107	马里	MLI	134	秘鲁	PER
81	伊朗	IRN	108	马耳他	MLT	135	菲律宾	PHL
82	伊拉克	IRO	109	毛里塔尼亚	MRT	136	波兰	POL
83	爱尔兰	IRL	110	毛里求斯	MUS	137	葡萄牙	PRT
84	以色列	ISR	111	墨西哥	MEX	138	卡塔尔	QAT
85	意大利	ITA	112	摩纳哥	MCO	139	韩国	KOR
86	牙买加	JAM	113	蒙古	MNG	140	摩尔多瓦共和国	MDA
87	日本	JPN	114	黑山	MNE	141	罗马尼亚	ROU
88	约旦	JOR	115	摩洛哥	MAR	142	俄罗斯	RUS
89	哈萨克斯坦	KAZ	116	莫桑比克	MOZ	143	卢旺达	RWA
90	肯尼亚	KEN	117	缅甸	MMR	144	萨摩亚	WSM

续附表1

序号	名称	缩写	序号	名称	缩写	序号	名称	缩写
145	圣马力诺	SMR	159	苏里南	SUR	173	乌干达	UGA
146	圣多美和普林西比	STP	160	斯威士兰	SWZ	174	乌克兰	UKR
			161	瑞典	SWE	175	阿联酋	ARE
147	沙特阿拉伯	SAU	162	瑞士	CHN	176	英国	GBR
148	塞内加尔	SEN	163	叙利亚	SYR	177	坦桑尼亚	TZA
149	塞尔维亚	SRB	164	中国台湾	TWN	178	美国	USA
150	塞舌尔	SYC	165	塔吉克斯坦	TJK	179	乌拉圭	URY
151	塞拉利昂	SLE	166	泰国	THA	180	乌兹别克斯坦	UZB
152	新加坡	SGP	167	马其顿	MKD	181	瓦努阿图	VUT
153	斯洛伐克	SVK	168	多哥	TGO	182	委内瑞拉	VEN
154	斯洛文尼亚	SVN	169	特里尼达和多巴哥	TTO	183	越南	VNM
155	索马里	SOM				184	也门	YEM
156	南非	ZAF	170	突尼斯	TUN	185	赞比亚	ZMB
157	西班牙	ESP	171	土耳其	TUR	186	津巴布韦	ZWE
158	斯里兰卡	LKA	172	土库曼斯坦	TKM			

附表2　Eora多区域经济投入产出表的26个经济部门

序号	部门名称	英文部门名称
1	农业	Agriculture
2	渔业	Fishing
3	矿业	Mining and Quarrying
4	食品和饮料业	Food & Beverages
5	纺织品及服装业	Textiles and Wearing Apparel
6	木材和造纸业	Wood and Paper
7	石油、化工和非金属矿物制品业	Petroleum，Chemical and Products
8	金属制品业	Metal Products
9	电气机械业	Electrical and Machinery
10	运输设备业	Transport Equipment

续附表 2

序号	部门名称	英文部门名称
11	其他制造业	Other Machinery
12	废品回收业	Recycling
13	电力、燃气及水的生产和供应业	Electrical, Gas and Water
14	建筑业	Construction
15	维护维修业	Maintenance and Repair
16	批发业	Wholesale Trade
17	零售业	Retail Trade
18	住宿和餐饮业	Hotels and Restraurants
19	运输业	Transport
20	邮政和电信业	Post and Telecommunications
21	金融和商务服务业	Finacial Intermediation and Business Activities
22	公共管理业	Public Administration
23	教育、卫生和其他服务业	Education, Healthy and Other Services
24	居民服务业	Private Households
25	其他制造业	Others
26	再出口及再进口	Re-export & Re-import

附表 3　中国 2012 年 42 个部门的体现水强度(单位:$m^3/10^4$ 元)

编码	部门	农业	工业	生活	生态	总计
1	农业	5.76E+02	9.28E+00	2.95E+00	6.10E−01	5.89E+02
2	煤炭开采	1.35E+01	1.28E+01	5.99E+00	7.00E−01	3.29E+01
3	石油开采	1.09E+01	2.06E+01	8.53E+00	1.33E+00	4.14E+01
4	金属矿业	1.44E+01	2.02E+01	1.10E+01	1.39E+00	4.70E+01
5	其他矿业开采	1.64E+01	1.57E+01	8.82E+00	1.21E+00	4.21E+01
6	食品加工	2.80E+02	3.98E+01	6.28E+00	6.00E−01	3.27E+02
7	纺织	1.90E+02	2.65E+01	7.05E+00	1.19E+00	2.24E+02
8	服装	1.20E+02	5.92E+01	6.76E+00	8.70E−01	1.87E+02
9	木材加工	1.20E+02	3.97E+01	7.66E+00	6.50E−01	1.68E+02

续附表 3

编码	部门	农业	工业	生活	生态	总计
10	纸产品	6.71E+01	3.37E+01	8.27E+00	1.07E+00	1.10E+02
11	石油加工	1.38E+01	2.25E+01	7.64E+00	1.10E+00	4.50E+01
12	化工产品	5.78E+01	2.62E+01	9.62E+00	1.18E+00	9.47E+01
13	非金属矿产	2.12E+01	1.91E+01	9.58E+00	8.00E−01	5.07E+01
14	金属的冶炼和压制	1.55E+01	1.95E+01	9.36E+00	1.01E+00	4.54E+01
15	金属制品	1.99E+01	3.09E+01	9.14E+00	8.10E−01	6.07E+01
16	普通机械	2.15E+01	5.01E+01	8.91E+00	8.50E−01	8.14E+01
17	专用设备	2.25E+01	6.43E+01	8.14E+00	7.90E−01	9.57E+01
18	运输设备	2.02E+01	6.26E+01	7.35E+00	8.00E−01	9.09E+01
19	电气设备	2.18E+01	4.73E+01	8.69E+00	8.60E−01	7.87E+01
20	电信设备	2.57E+01	6.02E+01	8.73E+00	7.30E−01	9.54E+01
21	仪器、仪表	2.57E+01	5.11E+01	8.85E+00	7.80E−01	8.64E+01
22	制作的艺术品	7.83E+01	3.84E+01	2.15E+01	1.01E+00	1.39E+02
23	浪费	2.97E+01	1.48E+01	7.36E+00	2.30E−01	5.21E+01
24	设备维修服务	1.90E+01	2.64E+01	9.78E+00	7.10E−01	5.59E+01
25	电力	1.23E+01	1.70E+01	1.18E+01	1.40E+00	4.24E+01
26	天然气生产供应	1.17E+01	4.08E+01	7.37E+00	1.08E+00	6.09E+01
27	给水生产	1.92E+01	3.26E+01	3.32E+03	1.37E+01	3.39E+03
28	建设	2.49E+01	1.61E+01	1.41E+01	6.50E−01	5.58E+01
29	批发、零售	8.63E+00	4.64E+00	5.18E+00	3.30E−01	1.88E+01
30	运输	2.47E+01	1.41E+01	7.40E+00	6.20E−01	4.69E+01
31	酒店、餐饮服务	1.51E+02	1.53E+01	1.22E+01	4.80E−01	1.79E+02
32	信息	1.65E+01	1.42E+01	7.66E+00	4.90E−01	3.89E+01
33	金融	1.56E+01	5.90E+00	5.60E+00	5.10E−01	2.76E+01
34	房地产	7.16E+00	3.07E+00	7.52E+00	2.30E−01	1.80E+01
35	租赁	3.14E+01	1.73E+01	6.53E+00	1.22E+00	5.65E+01
36	研究	2.85E+01	1.67E+01	9.26E+00	5.30E−01	5.49E+01

续附表 3

编码	部门	农业	工业	生活	生态	总计
37	公共设施管理	5.84E+01	1.19E+01	2.08E+01	1.84E+02	2.75E+02
38	为家庭服务	2.52E+01	1.35E+01	1.61E+01	6.30E−01	5.55E+01
39	教育	1.84E+01	5.05E+00	1.07E+01	3.10E−01	3.45E+01
40	健康	3.45E+01	1.48E+01	1.32E+01	6.60E−01	6.31E+01
41	文化	3.85E+01	1.10E+01	9.42E+00	9.50E−01	5.99E+01
42	公共安全	2.29E+01	8.61E+00	1.11E+01	6.50E−01	4.32E+01

附表 4　中国 2012 年 42 个部门的体现能源强度(单位:kJ/元)

编码	部门	煤炭	石油	天然气	一次电力	总计
1	农业	6.20E+02	1.28E+02	5.85E+01	3.01E+01	8.37E+02
2	煤炭开采	3.52E+04	2.12E+02	1.16E+02	6.86E+01	3.56E+04
3	石油开采	1.17E+03	7.75E+03	4.61E+03	5.39E+01	1.36E+04
4	金属矿业	2.51E+03	3.80E+02	1.97E+02	1.18E+02	3.21E+03
5	其他矿业开采	2.58E+03	3.83E+02	2.20E+02	1.05E+02	3.29E+03
6	食品加工	8.12E+02	1.36E+02	6.80E+01	4.16E+01	1.06E+03
7	纺织	1.49E+03	2.37E+02	1.07E+02	6.78E+01	1.90E+03
8	服装	1.08E+03	2.11E+02	9.67E+01	5.57E+01	1.44E+03
9	木材加工	1.16E+03	2.29E+02	1.12E+02	6.50E+01	1.56E+03
10	纸产品	1.63E+03	2.80E+02	1.39E+02	8.42E+01	2.14E+03
11	石油加工	4.38E+03	3.02E+03	1.34E+03	7.84E+01	8.82E+03
12	化工产品	2.58E+03	7.24E+02	2.30E+02	9.83E+01	3.64E+03
13	非金属矿产	3.98E+03	4.33E+02	1.95E+02	1.28E+02	4.73E+03
14	金属的冶炼和压制	3.31E+03	3.88E+02	2.30E+02	1.42E+02	4.07E+03
15	金属制品	2.18E+03	3.13E+02	1.84E+02	9.74E+01	2.77E+03
16	普通机械	1.67E+03	2.73E+02	1.51E+02	7.52E+01	2.16E+03
17	专用设备	1.61E+03	2.51E+02	1.35E+02	7.01E+01	2.07E+03
18	运输设备	1.38E+03	2.48E+02	1.32E+02	7.40E+01	1.83E+03
19	电气设备	1.69E+03	2.89E+02	1.53E+02	7.59E+01	2.21E+03

续附表 4

编码	部门	煤炭	石油	天然气	一次电力	总计
20	电信设备	9.47E+02	2.47E+02	1.38E+02	6.39E+01	1.39E+03
21	仪器、仪表	1.28E+03	2.30E+02	1.28E+02	5.84E+01	1.69E+03
22	制作的艺术品	2.82E+03	2.97E+02	1.35E+02	8.02E+01	3.33E+03
23	浪费	1.17E+03	2.32E+02	1.08E+02	4.92E+01	1.56E+03
24	设备维修服务	2.14E+03	2.57E+02	1.56E+02	8.81E+01	2.64E+03
25	电力	1.06E+04	2.30E+02	3.52E+02	9.49E+02	1.21E+04
26	天然气生产供应	3.02E+03	1.38E+03	2.09E+03	3.21E+02	6.80E+03
27	给水生产	2.61E+03	1.91E+02	1.88E+02	2.46E+02	3.23E+03
28	建设	2.27E+03	3.06E+02	1.58E+02	1.04E+02	2.84E+03
29	批发、零售	4.18E+02	1.12E+02	5.89E+01	2.37E+01	6.12E+02
30	运输	1.47E+03	6.72E+02	3.15E+02	5.44E+01	2.51E+03
31	酒店、餐饮服务	7.20E+02	1.07E+02	6.79E+01	4.56E+01	9.40E+02
32	信息	6.24E+02	1.16E+02	6.93E+01	4.90E+01	8.58E+02
33	金融	4.84E+02	9.76E+01	5.18E+01	2.66E+01	6.60E+02
34	房地产	3.31E+02	6.52E+01	3.69E+01	2.04E+01	4.53E+02
35	租赁	8.40E+02	3.80E+02	1.88E+02	3.97E+01	1.45E+03
36	研究	8.47E+02	2.17E+02	1.07E+02	4.17E+01	1.21E+03
37	公共设施管理	9.55E+02	2.04E+02	1.07E+02	4.77E+01	1.31E+03
38	为家庭服务	9.51E+02	2.14E+02	1.10E+02	4.96E+01	1.33E+03
39	教育	7.00E+02	1.05E+02	5.67E+01	3.61E+01	8.97E+02
40	健康	1.23E+03	2.79E+02	1.11E+02	5.57E+01	1.67E+03
41	文化	7.33E+02	1.32E+02	7.53E+01	4.41E+01	9.84E+02
42	公共安全	6.54E+02	1.43E+02	7.67E+01	3.59E+01	9.10E+02

附表 5 按部门划分的中国经济体现水强度(单位:$m^3/(10^4 CNY)$)

编码	部门	农业生产	工业生产	生活消费	生态保护	总计
1	农业	576.02	9.28	2.95	0.61	588.86
2	煤炭开采	13.45	12.75	5.99	0.7	32.89
3	石油开采	10.93	20.59	8.53	1.33	41.39
4	金属矿业	14.44	20.22	10.96	1.39	47.01
5	其他矿业开采	16.36	15.67	8.82	1.21	42.06
6	食品加工	280.21	39.84	6.28	0.6	326.93
7	纺织	189.71	26.47	7.05	1.19	224.42
8	服装	120.29	59.23	6.76	0.87	187.15
9	木材加工	120.09	39.67	7.66	0.65	168.07
10	纸产品	67.12	33.67	8.27	1.07	110.14
11	石油加工	13.77	22.48	7.64	1.1	44.99
12	化工产品	57.78	26.16	9.62	1.18	94.74
13	非金属矿产	21.17	19.11	9.58	0.8	50.66
14	金属的冶炼和压制	15.5	19.54	9.36	1.01	45.41
15	金属制品	19.91	30.86	9.14	0.81	60.73
16	普通机械	21.52	50.09	8.91	0.85	81.38
17	专用设备	22.46	64.26	8.14	0.79	95.65
18	运输设备	20.2	62.6	7.35	0.8	90.94
19	电气设备	21.81	47.34	8.69	0.86	78.71
20	电信设备	25.69	60.2	8.73	0.73	95.35
21	仪器、仪表	25.7	51.1	8.85	0.78	86.42
22	制作的艺术品	78.31	38.36	21.49	1.01	139.18
23	浪费	29.73	14.8	7.36	0.23	52.12
24	设备维修服务	19.04	26.4	9.78	0.71	55.92
25	电力	12.27	16.95	11.78	1.4	42.41
26	天然气生产供应	11.71	40.78	7.37	1.08	60.94
27	给水生产	19.22	32.61	3 319.54	13.74	3 385.12

续附表 5

编码	部门	农业生产	工业生产	生活消费	生态保护	总计
28	建设	24.85	16.13	14.13	0.65	55.76
29	批发、零售	8.63	4.64	5.18	0.33	18.78
30	运输	24.74	14.09	7.4	0.62	46.85
31	酒店、餐饮服务	151.45	15.31	12.23	0.48	179.48
32	信息	16.54	14.21	7.66	0.49	38.9
33	金融	15.61	5.9	5.6	0.51	27.62
34	房地产	7.16	3.07	7.52	0.23	17.97
35	租赁	31.4	17.34	6.53	1.22	56.5
36	研究	28.49	16.65	9.26	0.53	54.93
37	公共设施管理	58.39	11.88	20.79	183.79	274.85
38	为家庭服务	25.23	13.51	16.13	0.63	55.5
39	教育	18.42	5.05	10.69	0.31	34.46
40	健康	34.5	14.77	13.17	0.66	63.1
41	文化	38.46	11.02	9.42	0.95	59.85
42	公共安全	22.88	8.61	11.06	0.65	43.21

附表 6　按部门划分的全球经济体现水强度(单位:m^3/(10^4CNY))

编码	部门	农业生产	工业生产	生活消费	生态保护	总计
1	农业	970.63	8.05	7.05	1.12	986.86
2	煤炭开采	12.28	28.42	12.32	3.3	56.32
3	石油开采	12.28	28.42	12.32	2.03	55.05
4	金属矿业	12.28	28.42	12.32	2.07	55.09
5	其他矿业开采	12.28	28.42	12.32	4.77	57.79
6	食品加工	276.98	30.9	8.24	1.4	317.52
7	纺织	116.1	34.18	12.94	3.96	167.18
8	服装	116.1	34.18	12.94	2.59	165.81
9	木材加工	67.44	31.43	10.4	1.25	110.52
10	纸产品	67.44	31.43	10.4	1.6	110.87

续附表 6

编码	部门	农业生产	工业生产	生活消费	生态保护	总计
11	石油加工	24.34	34.78	15.01	1.66	75.79
12	化工产品	24.34	34.78	15.01	1.79	75.92
13	非金属矿产	24.34	34.78	15.01	1.54	75.67
14	金属的冶炼和压制	13.75	36.44	18.31	1.55	70.05
15	金属制品	13.75	36.44	18.31	1.38	69.88
16	普通机械	32.03	34.55	10.19	1.3	78.07
17	专用设备	32.03	34.55	10.19	1.3	78.07
18	运输设备	12.14	41.43	8.94	1.47	63.98
19	电气设备	12.81	34.89	9.95	1.37	59.02
20	电信设备	32.03	34.55	10.19	0.87	77.64
21	仪器、仪表	32.03	34.55	10.19	0.98	77.75
22	制作的艺术品	32.03	34.55	10.19	1.61	78.38
23	浪费	67.88	31.45	8.88	0.21	108.42
24	设备维修服务	9.68	6.03	4.22	5.36	25.29
25	电力	11.61	11.27	219.34	2.33	244.55
26	天然气生产供应	11.61	11.27	219.34	1.4	243.62
27	给水生产	11.61	11.27	219.34	1.98	244.2
28	建设	23.14	31.47	8.26	1.28	64.15
29	批发、零售	10.4	4.96	4.97	1.11	21.43
30	运输	13.49	7.49	8.65	1.3	30.93
31	酒店、餐饮服务	86.23	7.73	8.36	1.31	103.63
32	信息	6.96	5.63	4.31	1.16	18.06
33	金融	7.48	3.82	3.02	2.01	16.33
34	房地产	17.21	6.67	7.64	0.63	32.15
35	租赁	7.48	3.82	3.02	1.37	15.69
36	研究	17.21	6.67	7.64	1.16	32.68
37	公共设施管理	9.41	7.71	5.34	299.1	321.56

续附表 6

编码	部门	农业生产	工业生产	生活消费	生态保护	总计
38	为家庭服务	12.72	4.09	2.87	5.36	25.04
39	教育	11.83	5.63	5.45	4.54	27.45
40	健康	11.83	5.63	5.45	1.64	24.55
41	文化	17.21	6.67	7.64	2.7	34.22
42	公共安全	9.41	7.71	5.34	5.57	28.03

附表 7　按类型划分的河北省体现水强度(单位:m^3/(10^4CNY))

编码	部门	农业生产	工业生产	生活消费	生态保护	总计
1	农业	387.02	5.32	4.58	0.28	397.21
2	煤炭开采	6.58	6.42	6.48	0.39	19.87
3	石油开采	8.94	16.04	8.04	1.01	34.02
4	金属矿业	10.56	13.82	13.03	0.8	38.21
5	其他矿业开采	13.64	12.87	67.01	1.05	94.56
6	食品加工	193.04	16.98	12.56	0.37	222.94
7	纺织	126.68	16.45	33.01	0.47	176.63
8	服装	113.1	21.19	12.55	0.35	147.19
9	木材加工	61.11	25.63	20.34	0.58	107.67
10	纸产品	35.76	19.33	19.1	0.63	74.83
11	石油加工	8.86	15.23	8.99	0.72	33.8
12	化工产品	36.66	16.12	17.08	0.63	70.5
13	非金属矿产	10.31	12.96	25.15	0.54	48.96
14	金属的冶炼和压制	8.69	16.67	25.23	0.62	51.21
15	金属制品	7.97	15.67	19.02	0.48	43.14
16	普通机械	12.39	31.61	19.59	0.62	64.21
17	专用设备	10.15	28.67	17.74	0.5	57.07
18	运输设备	10.06	30.8	16.28	0.51	57.65

续附表 7

编码	部门	农业生产	工业生产	生活消费	生态保护	总计
19	电气设备	13.43	24.75	27.34	0.58	66.09
20	电信设备	18.92	47.65	13.73	0.6	80.9
21	仪器、仪表	19.46	35.96	14.29	0.66	70.37
22	制作的艺术品	68.3	36.75	22.03	0.92	128
23	浪费	20.07	11.35	8.08	0.28	39.77
24	设备维修服务	10.08	13.35	13.59	0.39	37.41
25	电力	9.58	12.97	21.03	0.79	44.37
26	天然气生产供应	9.16	19.75	310.51	1.46	340.89
27	给水生产	17.55	29.29	3 630.98	11.17	3 688.99
28	建设	18.24	13.75	21.95	0.57	54.52
29	批发、零售	3.35	1.63	6.27	0.16	11.42
30	运输	11.36	7.93	15.24	1.22	35.75
31	酒店、餐饮服务	94.09	6.72	34.66	0.33	135.8
32	信息	8.96	9.65	9.14	0.4	28.14
33	金融	13.21	5.61	12.65	0.49	31.97
34	房地产	4.45	1.86	7.92	0.18	14.4
35	租赁	20.24	10.4	9.28	0.63	40.56
36	研究	12.21	8.8	11.88	0.63	33.52
37	公共设施管理	46.05	9.43	26.06	262.52	344.05
38	为家庭服务	27.37	7.3	27.95	0.66	63.27
39	教育	7.68	4.6	37.47	0.58	50.32
40	健康	14.47	6.84	26.86	0.36	48.52
41	文化	21.48	7.64	13.86	0.57	43.55
42	公共安全	10.32	4.18	14.73	0.59	29.82

附表 8　秦皇岛市工业部门的行业分类和代码

部门编号	部门名称	缩写	行业分类
1	农林牧渔业	农业	第一产业
2	煤炭开采和洗选业	煤炭开采	第二产业
3	石油和天然气开采业	石油开采	
4	金属矿采选业	金属矿业	
5	非金属矿采选业	其他矿业开采	
6	食品制造及烟草加工业	食品加工	
7	纺织业	纺织	
8	服装皮革羽绒及其制品业	服装	
9	木材加工及家具制造业	木材加工	
10	造纸印刷及文教用品制造业	纸产品	
11	石油加工、炼焦及核燃料加工业	石油加工	
12	化学工业	化工产品	
13	非金属矿物制品业	非金属矿产	
14	金属冶炼及压延加工业	金属的冶炼和压制	
15	金属制品业	金属制品	
16	通用、专用设备制造业	普通机械	
17	交通运输设备制造业	专用设备	
18	电气、机械及器材制造业	运输设备	
19	通信设备、计算机及其他电子设备制造业	电气设备	
20	仪器仪表及文化办公用机械制造业	电信设备	
21	其他制造业	仪器、仪表	
22	废品废料	制作的艺术品	
23	电力、热力的生产和供应业	浪费	
24	燃气生产和供应业	设备维修服务	
25	水的生产和供应业	电力	
26	建筑业	天然气生产供应	
27	交通运输及仓储业	给水生产	
28	邮政业	建设	

续附表 8

部门编号	部门名称	缩写	行业分类
29	信息传输、计算机服务和软件业	批发、零售	第三产业
30	批发和零售贸易业	运输	
31	住宿和餐饮业	酒店、餐饮服务	
32	金融保险业	信息	
33	房地产业	金融	
34	租赁和商务服务业	房地产	
35	旅游业	租赁	
36	科学研究事业	研究	
37	综合技术服务业	公共设施管理	
38	其他社会服务业	为家庭服务	
39	教育事业	教育	
40	卫生、社会保障和社会福利事业	健康	
41	文化、体育和娱乐业	文化	
42	公共管理和社会组织	公共安全	

附表 9　2012 年全球经济各部门体现的水资源强度(单位:$m^3/(10^4$ CNY))

编码	部门	农业生产	工业生产	生活消费	生态保护	总计
1	农业	970.63	8.05	7.05	1.12	986.86
2	煤炭开采	12.28	28.42	12.32	3.30	56.32
3	石油开采	12.28	28.42	12.32	2.03	55.05
4	金属矿业	12.28	28.42	12.32	2.07	55.09
5	其他矿业开采	12.28	28.42	12.32	4.77	57.79
6	食品加工	276.98	30.90	8.24	1.40	317.52
7	纺织	116.10	34.18	12.94	3.96	167.18
8	服装	116.10	34.18	12.94	2.59	165.81
9	木材加工	67.44	31.43	10.40	1.25	110.52
10	纸产品	67.44	31.43	10.40	1.60	110.87
11	石油加工	24.34	34.78	15.01	1.66	75.79

续附表 9

编码	部门	农业生产	工业生产	生活消费	生态保护	总计
12	化工产品	24.34	34.78	15.01	1.79	75.92
13	非金属矿产	24.34	34.78	15.01	1.54	75.67
14	金属的冶炼和压制	13.75	36.44	18.31	1.55	70.05
15	金属制品	13.75	36.44	18.31	1.38	69.88
16	普通机械	32.03	34.55	10.19	1.30	78.07
17	专用设备	32.03	34.55	10.19	1.30	78.07
18	运输设备	12.14	41.43	8.94	1.47	63.98
19	电气设备	12.81	34.89	9.95	1.37	59.02
20	电信设备	32.03	34.55	10.19	0.87	77.64
21	仪器、仪表	32.03	34.55	10.19	0.98	77.75
22	制作的艺术品	32.03	34.55	10.19	1.61	78.38
23	浪费	67.88	31.45	8.88	0.21	108.42
24	设备维修服务	9.68	6.03	4.22	5.36	25.29
25	电力	11.61	11.27	219.34	2.33	244.55
26	天然气生产供应	11.61	11.27	219.34	1.40	243.62
27	给水生产	11.61	11.27	219.34	1.98	244.20
28	建设	23.14	31.47	8.26	1.28	64.15
29	批发、零售	10.40	4.96	4.97	1.11	21.43
30	运输	13.49	7.49	8.65	1.30	30.93
31	酒店、餐饮服务	86.23	7.73	8.36	1.31	103.63
32	信息	6.96	5.63	4.31	1.16	18.06
33	金融	7.48	3.82	3.02	2.01	16.33
34	房地产	17.21	6.67	7.64	0.63	32.15
35	租赁	7.48	3.82	3.02	1.37	15.69
36	研究	17.21	6.67	7.64	1.16	32.68
37	公共设施管理	9.41	7.71	5.34	299.10	321.56
38	为家庭服务	12.72	4.09	2.87	5.36	25.04

续附表 9

编码	部门	农业生产	工业生产	生活消费	生态保护	总计
39	教育	11.83	5.63	5.45	4.54	27.45
40	健康	11.83	5.63	5.45	1.64	24.55
41	文化	17.21	6.67	7.64	2.70	34.22
42	公共安全	9.41	7.71	5.34	5.57	28.03

附表 10　2012 年中国经济各部门的实际用水量(单位：$m^3/(10^4$ 元))

编码	部门	农业生产	工业生产	生活消费	生态保护	总计
1	农业	576.02	9.28	2.95	0.61	588.86
2	煤炭开采	13.45	12.75	5.99	0.70	32.89
3	石油开采	10.93	20.59	8.53	1.33	41.39
4	金属矿业	14.44	20.22	10.96	1.39	47.01
5	其他矿业开采	16.36	15.67	8.82	1.21	42.06
6	食品加工	280.21	39.84	6.28	0.60	326.93
7	纺织	189.71	26.47	7.05	1.19	224.42
8	服装	120.29	59.23	6.76	0.87	187.15
9	木材加工	120.09	39.67	7.66	0.65	168.07
10	纸产品	67.12	33.67	8.27	1.07	110.14
11	石油加工	13.77	22.48	7.64	1.10	44.99
12	化工产品	57.78	26.16	9.62	1.18	94.74
13	非金属矿产	21.17	19.11	9.58	0.80	50.66
14	金属的冶炼和压制	15.50	19.54	9.36	1.01	45.41
15	金属制品	19.91	30.86	9.14	0.81	60.73
16	普通机械	21.52	50.09	8.91	0.85	81.38
17	专用设备	22.46	64.26	8.14	0.79	95.65
18	运输设备	20.20	62.60	7.35	0.80	90.94
19	电气设备	21.81	47.34	8.69	0.86	78.71
20	电信设备	25.69	60.20	8.73	0.73	95.35
21	仪器、仪表	25.70	51.10	8.85	0.78	86.42

续附表 10

编码	部门	农业生产	工业生产	生活消费	生态保护	总计
22	制作的艺术品	78.31	38.36	21.49	1.01	139.18
23	浪费	29.73	14.80	7.36	0.23	52.12
24	设备维修服务	19.04	26.40	9.78	0.71	55.92
25	电力	12.27	16.95	11.78	1.40	42.41
26	天然气生产供应	11.71	40.78	7.37	1.08	60.94
27	给水生产	19.22	32.61	3 319.54	13.74	3 385.12
28	建设	24.85	16.13	14.13	0.65	55.76
29	批发、零售	8.63	4.64	5.18	0.33	18.78
30	运输	24.74	14.09	7.40	0.62	46.85
31	酒店、餐饮服务	151.45	15.31	12.23	0.48	179.48
32	信息	16.54	14.21	7.66	0.49	38.90
33	金融	15.61	5.90	5.60	0.51	27.62
34	房地产	7.16	3.07	7.52	0.23	17.97
35	租赁	31.40	17.34	6.53	1.22	56.50
36	研究	28.49	16.65	9.26	0.53	54.93
37	公共设施管理	58.39	11.88	20.79	183.79	274.85
38	为家庭服务	25.23	13.51	16.13	0.63	55.50
39	教育	18.42	5.05	10.69	0.31	34.46
40	健康	34.50	14.77	13.17	0.66	63.10
41	文化	38.46	11.02	9.42	0.95	59.85
42	公共安全	22.88	8.61	11.06	0.65	43.21

附表 11　2012 年河北省各行业实际用水量(单位:$m^3/10^4$ 元)

编码	部门	农业生产	工业生产	生活消费	生态保护	总计
1	农业	387.02	5.32	4.58	0.28	397.21
2	煤炭开采	6.58	6.42	6.48	0.39	19.87
3	石油开采	8.94	16.04	8.04	1.01	34.02
4	金属矿业	10.56	13.82	13.03	0.80	38.21

续附表 11

编码	部门	农业生产	工业生产	生活消费	生态保护	总计
5	其他矿业开采	13.64	12.87	67.01	1.05	94.56
6	食品加工	193.04	16.98	12.56	0.37	222.94
7	纺织	126.68	16.45	33.01	0.47	176.63
8	服装	113.10	21.19	12.55	0.35	147.19
9	木材加工	61.11	25.63	20.34	0.58	107.67
10	纸产品	35.76	19.33	19.10	0.63	74.83
11	石油加工	8.86	15.23	8.99	0.72	33.80
12	化工产品	36.66	16.12	17.08	0.63	70.50
13	非金属矿产	10.31	12.96	25.15	0.54	48.96
14	金属的冶炼和压制	8.69	16.67	25.23	0.62	51.21
15	金属制品	7.97	15.67	19.02	0.48	43.14
16	普通机械	12.39	31.61	19.59	0.62	64.21
17	专用设备	10.15	28.67	17.74	0.50	57.07
18	运输设备	10.06	30.80	16.28	0.51	57.65
19	电气设备	13.43	24.75	27.34	0.58	66.09
20	电信设备	18.92	47.65	13.73	0.60	80.90
21	仪器、仪表	19.46	35.96	14.29	0.66	70.37
22	制作的艺术品	68.30	36.75	22.03	0.92	128.00
23	浪费	20.07	11.35	8.08	0.28	39.77
24	设备维修服务	10.08	13.35	13.59	0.39	37.41
25	电力	9.58	12.97	21.03	0.79	44.37
26	天然气生产供应	9.16	19.75	310.51	1.46	340.89
27	给水生产	17.55	29.29	3 630.98	11.17	3 688.99
28	建设	18.24	13.75	21.95	0.57	54.52
29	批发、零售	3.35	1.63	6.27	0.16	11.42
30	运输	11.36	7.93	15.24	1.22	35.75
31	酒店、餐饮服务	94.09	6.72	34.66	0.33	135.80

续附表 11

编码	部门	农业生产	工业生产	生活消费	生态保护	总计
32	信息	8.96	9.65	9.14	0.40	28.14
33	金融	13.21	5.61	12.65	0.49	31.97
34	房地产	4.45	1.86	7.92	0.18	14.40
35	租赁	20.24	10.40	9.28	0.63	40.56
36	研究	12.21	8.80	11.88	0.63	33.52
37	公共设施管理	46.05	9.43	26.06	262.52	344.05
38	为家庭服务	27.37	7.30	27.95	0.66	63.27
39	教育	7.68	4.60	37.47	0.58	50.32
40	健康	14.47	6.84	26.86	0.36	48.52
41	文化	21.48	7.64	13.86	0.57	43.55
42	公共安全	10.32	4.18	14.73	0.59	29.82

附表 12　2012 年秦皇岛市各行业实际用水量(单位:$m^3/(10^4$ 元))

编码	部门	农业生产	工业生产	生活消费	生态保护	总计
1	农业	346.54	5.66	4.06	0.29	356.55
2	煤炭开采	6.91	10.24	6.48	0.42	24.06
3	石油开采	8.94	16.22	8.04	1.01	34.20
4	金属矿业	7.75	13.89	9.43	0.57	31.64
5	其他矿业开采	13.02	13.84	62.23	1.00	90.09
6	食品加工	196.58	14.11	7.56	0.29	218.54
7	纺织	131.96	20.85	22.17	0.60	175.57
8	服装	106.86	29.81	12.50	0.37	149.53
9	木材加工	88.88	36.19	14.52	0.59	140.19
10	纸产品	28.84	21.55	15.74	0.53	66.66
11	石油加工	8.39	17.30	8.57	0.74	35.01
12	化工产品	30.65	18.86	17.65	0.58	67.75
13	非金属矿产	10.35	16.79	22.72	0.48	50.35
14	金属的冶炼和压制	8.06	18.99	13.28	0.54	40.86

续附表 12

编码	部门	农业生产	工业生产	生活消费	生态保护	总计
15	金属制品	7.82	19.81	14.24	0.44	42.31
16	普通机械	11.53	33.51	16.56	0.56	62.16
17	专用设备	8.98	28.17	13.67	0.42	51.25
18	运输设备	8.05	23.82	12.51	0.41	44.80
19	电气设备	10.46	26.59	20.33	0.49	57.87
20	电信设备	13.17	38.73	14.94	0.44	67.29
21	仪器、仪表	19.83	42.22	11.38	0.64	74.08
22	制作的艺术品	68.30	45.85	22.03	0.92	137.09
23	浪费	20.07	11.35	8.08	0.28	39.77
24	设备维修服务	9.09	12.76	12.69	0.35	34.89
25	电力	7.58	11.96	12.66	0.33	32.54
26	天然气生产供应	6.51	9.09	7.53	0.59	23.73
27	给水生产	5.58	8.26	3 433.58	0.31	3447.73
28	建设	17.01	12.26	20.80	0.48	50.56
29	批发、零售	4.51	2.44	7.79	0.24	14.98
30	运输	6.91	6.86	11.65	0.51	25.93
31	酒店、餐饮服务	102.66	7.01	20.08	0.33	130.08
32	信息	7.69	5.70	11.11	0.33	24.83
33	金融	11.19	4.11	10.03	0.51	25.83
34	房地产	5.07	1.98	6.45	0.24	13.74
35	租赁	12.67	6.85	9.24	1.03	29.79
36	研究	14.14	6.27	14.40	0.43	35.24
37	公共设施管理	48.03	2.29	10.25	231.67	292.23
38	为家庭服务	16.04	6.10	11.39	0.71	34.23
39	教育	4.84	2.10	17.01	0.14	24.09
40	健康	13.71	9.61	20.97	0.38	44.67
41	文化	5.89	3.67	10.63	0.24	20.43
42	公共安全	10.99	2.51	15.47	24.43	53.39

附表 13　反渗透海水淡化建筑工程的投入清单及其部门归类

子项目	应用	部门编号	部门	花费/万元
一般土木工程	土方、桩基、砌体	28	建筑业	57.60
厂房建筑	厂区围墙、道路、绿化、给排水施工	28	建筑业	20.00
配套建筑	土方、桩基、砌体	28	建筑业	19.20
水池(冷却海水池、水力澄清池、重力无阀过滤器、中间海水池、产品池)	水泥和砖混凝土	13	非金属矿物制品业	130.00
管道铺设施工	用于输送和排放海水、淡水等	28	建筑业	10.00
电缆和配电	电源设备	28	建筑业	25.00

附表 14　反渗透海水淡化工艺系统工程的投入清单及其部门归类

子项目	应用	部门编号	部门	花费/万元
海水进水泵		16	通用设备	19.50
液氯自动加药设备		17	专用设备	4.60
混凝剂和助凝剂自动加药设备		17	专用设备	8.20
海水增压泵(两开一备)		16	通用设备	28.40
增压泵变频控制柜		19	电气机械及设备	5.80
多媒体过滤器(6 套)		16	通用设备	54.00
罗茨鼓风机		16	通用设备	2.50
安全过滤器		16	通用设备	8.60
自动注药设备(6 套)		17	专用设备	4.80
系统管道、阀门等		16	通用设备	101.00
反渗透高压泵(两台)		16	通用设备	82.80
压力提升泵(两台)		16	通用设备	35.80
变频高压水泵控制柜(2 台)		19	电气机械及设备	23.20
能量回收装置(两套)		17	专用设备	150.20
反渗透脱盐装置(两套)		17	专用设备	260.00
膜化学清洗消毒设备		17	专用设备	6.00

续附表 14

子项目	应用	部门编号	部门	花费/万元
产品水输送泵(三台)		16	通用设备	4.50
液氯自动注入设备(1套)		17	专用设备	3.50
PH 调节设备		17	专用设备	0.80

附表 15　反渗透海水淡化电气系统工程的投入清单及其部门归类

子项目	应用	部门编号	部门	花费/万元
中央控制监测站		20	通讯设备、计算机及其他电子设备制造4业	11.00
计算机 PLC 系统	PLC 装置及配套设备	21	仪器仪表	25.00
配电系统	各种电源连接线及辅助设施	19	电气机械及设备	35.00
其他电缆辅助设施	工程电缆电气部件等	19	电气机械及设备	12.00
仪表和控制装置	钢结构、实心件等	21	仪器仪表	40.00
电动阀、高低压开关、液位控制等	PLC 装置及配套设备	19	电气机械及设备	40.00
其他安装材料	各种电源连接线及辅助设施	15	金属制品	6.00

附表 16　反渗透海水淡化其他及服务的投入清单及其部门归类

子项目	应用	部门编号	部门	花费/万元
设备包装		35	租赁和商业服务	4.0
运输成本		30	运输、仓储和邮政服务	14.0
现场设备就位		36	科技与技术服务	5.0
安装调试、人员培训等		36	科技与技术服务	35.0

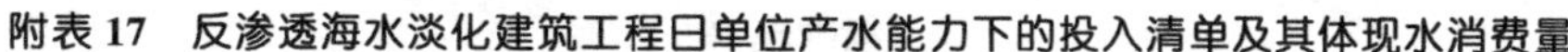

附表 17　反渗透海水淡化建筑工程日单位产水能力下的投入清单及其体现水消费量

项目	体现水消费量/m^3			
	农业用水	工业用水	居民用水	生态用水
一般土建主厂房	0.33	0.24	0.19	0.01
厂区性建筑	0.12	0.08	0.07	0.00
厂区配套用房	0.11	0.08	0.06	0.00
水池(冷却海水池、水力澄清池、重力无阀滤池、中间海水池、产品水池)	0.64	0.69	0.37	0.03
海水取水、输水管道铺设施工	0.06	0.04	0.03	0.00
电缆、电气体及配电施工	0.15	0.10	0.08	0.00

附表 18　反渗透海水淡化工艺系统工程日单位产水能力下的的投入清单及其体现水消费量

项目	体现水消费量/m^3			
	农业用水	工业用水	居民用水	生态用水
海水取水泵	0.08	0.17	0.04	0.00
液氯自动投加设备	0.02	0.05	0.01	0.00
混凝剂、助凝剂自动投加设备	0.03	0.08	0.02	0.00
海水增压泵(二开一备)	0.11	0.25	0.07	0.01
增压水泵变频控制柜	0.02	0.05	0.01	0.00
多介质过滤器(六台)	0.22	0.47	0.12	0.01
罗茨风机	0.01	0.02	0.01	0.00
保安过滤器	0.03	0.08	0.02	0.00
化学剂自动注入设备(六套)	0.02	0.05	0.01	0.00
系统管道件、阀等	0.40	0.89	0.23	0.02
反渗透高压泵(二台)	0.33	0.73	0.19	0.02
压力提升泵(二台)	0.14	0.31	0.08	0.01
变频高压水泵控制柜(二台)	0.09	0.20	0.05	0.00
能量回收装置(二套)	0.63	1.48	0.33	0.03
反渗透海水淡化装置(二套)	1.08	2.56	0.58	0.05
膜化学清洗及杀菌设备	0.02	0.06	0.01	0.00

续附表 18

项目	体现水消费量/m³			
	农业用水	工业用水	居民用水	生态用水
产品水输送泵(三台)	0.02	0.04	0.01	0.00
液氯自动注入设备(一套)	0.01	0.03	0.01	0.00
PH 调节设备	0.00	0.01	0.00	0.00

附表 19 反渗透海水淡化电气系统工程日单位产水能力下的的投入清单及其体现水消费量

项目	体现水消费量/m³			
	农业用水	工业用水	居民用水	生态用水
中央控制监控台	0.05	0.11	0.03	0.00
计算机 PLC 系统	0.13	0.24	0.06	0.00
配电系统	0.14	0.30	0.08	0.01
其它电缆辅助设施	0.05	0.10	0.03	0.00
仪器仪表及控制器件	0.21	0.39	0.09	0.01
电动阀门及高低压开关及液位控制等	0.16	0.35	0.09	0.01
其他安装材料	0.03	0.04	0.02	0.00

附表 20 反渗透海水淡化其他及服务日单位产水能力下的的投入清单及其体现水消费量

项目	体现水消费量/m³			
	农业用水	工业用水	居民用水	生态用水
设备包装	0.03	0.01	0.01	0.00
运输费用	0.04	0.04	0.02	0.00
现场设备就位	0.05	0.02	0.01	0.00
安装调试及人员培训等	0.35	0.13	0.08	0.01

附表 21 低温多效海水淡化建筑工程日单位产水能力下的投入清单及其体现水消费量

项目	体现水资源量/m³			
	农业用水	工业用水	居民用水	生态用水
一般土建	0.68	17.44	14.08	0.13
厂区性建筑	0.09	2.18	1.76	0.02
上下水、采暖、通风空调、照明	0.03	0.48	0.36	0.00

续附表 21

项目	体现水资源量/m³			
	农业用水	工业用水	居民用水	生态用水
暖通、消防设备	0.08	2.17	1.70	0.01
水池	0.28	4.76	3.63	0.04
综合体火灾报警系统	0.03	0.39	0.29	0.00
展厅自动喷淋系统	0.01	0.11	0.08	0.00
阀门井	0.05	0.35	0.27	0.00
MED 支架	0.04	1.12	0.88	0.01
海水淡化辅机支架	0.02	0.44	0.34	0.00
海水淡化排水管道、淡水供水管道	0.26	1.88	1.47	0.01
管道敷设	0.03	0.80	0.65	0.01
地基处理	0.27	7.00	5.64	0.05
预应力管桩	0.01	0.19	0.14	0.00
水泥搅拌桩	0.08	1.38	1.06	0.01
施工降水	0.14	3.56	2.88	0.03
施工防护工程	0.03	0.82	0.66	0.01

附表 22　低温多效海水淡化工艺系统工程日单位产水能力下的投入清单及其体现水消费量

项目	体现水资源量/m³			
	农业用水	工业用水	居民用水	生态用水
蒸发器	0.19	2.64	2.00	0.02
蒸汽热压缩机;配供减温水系统设备	0.16	2.23	1.69	0.02
凝汽器卧式两流程管板式凝汽器	0.17	2.40	1.82	0.02
物料水升压泵	0.01	0.11	0.08	0.00
成品水泵	0.00	0.03	0.02	0.00
凝结水泵	4.68	65.20	49.20	0.54
减温水泵	0.37	5.16	3.90	0.04
盐水泵	0.02	0.29	0.22	0.00
3 效蒸汽回热加热器	0.07	1.00	0.76	0.01

续附表 22

项目	体现水资源量/m³			
	农业用水	工业用水	居民用水	生态用水
6 效蒸汽回热加热器	0.00	0.06	0.05	0.00
9 效蒸汽回热加热器	0.02	0.30	0.22	0.00
凝结水回热加热器	0.01	0.08	0.06	0.00
海水加热器板式换热器	0.06	0.80	0.60	0.01
成品水冷却器板式换热	0.00	0.04	0.03	0.00
凝结水冷却器板式换热	0.01	0.09	0.07	0.00
自动反冲洗过滤器	0.00	0.07	0.05	0.00
真空系统预冷凝器	0.00	0.01	0.01	0.00
启动抽气器	0.03	0.46	0.35	0.00
一级真空主抽气器	0.10	1.38	1.05	0.01
一级真空辅抽气器	0.03	0.48	0.36	0.00
二级真空抽气器	0.04	0.51	0.39	0.00
三级真空抽气器	0.00	0.04	0.03	0.00
一级真空冷凝器	0.01	0.11	0.09	0.00
二级真空冷凝器	0.01	0.07	0.06	0.00
三级真空冷凝器	0.00	0.01	0.01	0.00
金属波纹膨胀节	0.00	0.06	0.05	0.00
中低压管道	0.01	0.04	0.03	0.00
保温	0.04	0.70	0.54	0.01
海水提升泵	0.02	0.28	0.21	0.00
集装式消泡剂加药装置	0.01	0.16	0.12	0.00
集装式阻垢剂加药装置	0.00	0.06	0.05	0.00
集装式亚硫酸钠加药装置	0.54	7.56	5.76	0.06
海水供水系统	0.14	1.88	1.42	0.02
海水淡化排水系统	0.12	1.72	1.30	0.01
淡水泵	0.01	0.17	0.13	0.00
起重机设备	0.01	0.19	0.14	0.00

续附表 22

项目	体现水资源量/m³			
	农业用水	工业用水	居民用水	生态用水
阀门、管道阀门	0.03	0.22	0.17	0.00
浓盐水提升泵	0.55	7.60	5.76	0.06
变频装置、变频器	0.06	0.87	0.66	0.01
单梁悬挂桥式起重机防烟雾腐蚀处理	0.26	1.86	1.46	0.01
钢制淡水箱	0.05	0.36	0.28	0.00
其他装置性材料	0.39	10.72	8.40	0.07

附表 23　低温多效海水淡化电气系统工程日单位产水能力下的投入清单及其体现水消费量

项目	体现水资源量/m³			
	农业用水	工业用水	居民用水	生态用水
6KV 厂用电	0.09	5.52	4.08	0.04
低压抽屉开关柜	0.15	2.26	1.71	0.02
直流电源屏	0.00	0.00	0.00	0.00
综合保护测控装置	0.66	4.28	3.11	0.04
电缆安装费	0.01	0.14	0.11	0.00
电缆桥支架	0.13	3.50	2.75	0.02
其他电缆辅助设施	0.08	2.18	1.71	0.01
接地	0.00	0.07	0.05	0.00
海水淡化综合体通讯综合布线	0.00	0.05	0.04	0.00

附表 24　低温多效海水淡化热控系统工程日单位产水能力下的投入清单及其体现水消费量

项目	体现水资源量/m³			
	农业用水	工业用水	居民用水	生态用水
海水淡化 PLC 控制系统	0.36	2.37	1.72	0.02
MTR-420 服务器	0.03	0.41	0.32	0.00
就地主要仪表及控制设备	0.01	0.05	0.03	0.00
电缆及辅助设施	0.01	0.26	0.20	0.00
其他安装材料	0.01	0.14	0.11	0.00

附表 25　低温多效海水淡化其他及设备日单位产水能力下的投入清单及其体现水消费量

项目	体现水资源量/m³			
	农业用水	工业用水	居民用水	生态用水
其他	0.14	3.66	2.95	0.03
项目建设管理费	0.09	1.03	0.82	0.01
项目建设技术服务费	0.59	6.44	5.12	0.06
分系统调试及整套启动试运费	0.03	0.36	0.29	0.00

附表 26　149 部门经济投入产出表部门名称和编号

编号	部门名称	编号	部门名称
1	农产品	21	调味品、发酵制品
2	林产品	22	其他食品
3	畜牧产品	23	酒精和酒
4	渔产品	24	饮料
5	农、林、牧、渔服务产品	25	精制茶
6	煤炭开采和洗选产品	26	烟草制品
7	石油和天然气开采产品	27	棉、化纤纺织及印染精加工品
8	黑色金属矿采选产品	28	毛纺织及染整精加工品
9	有色金属矿采选产品	29	麻、丝绢纺织及加工品
10	非金属矿采选产品	30	针织或钩针编织及其制品
11	开采辅助活动和其他采矿产品	31	纺织制成品
12	谷物磨制品	32	纺织服装服饰
13	饲料加工品	33	皮革、毛皮、羽毛及其制品
14	植物油加工品	34	鞋
15	糖及糖制品	35	木材加工和木、竹、藤、棕、草制品
16	屠宰及肉类加工品	36	家具
17	水产加工品	37	造纸和纸制品
18	蔬菜、水果、坚果和其他农副食品加工品	38	印刷和记录媒介复制品
19	方便食品	39	工艺美术品
20	乳制品	40	文教、体育和娱乐用品

续附表 26

编号	部门名称	编号	部门名称
41	精炼石油和核燃料加工品	69	物料搬运设备
42	煤炭加工品	70	泵、阀门、压缩机及类似机械
43	基础化学原料	71	文化、办公用机械
44	肥料	72	其他通用设备
45	农药	73	采矿、冶金、建筑专用设备
46	涂料、油墨、颜料及类似产品	74	化工、木材、非金属加工专用设备
47	合成材料	75	农、林、牧、渔专用机械
48	专用化学产品和炸药、火工、焰火产品	76	其他专用设备
49	日用化学产品	77	汽车整车
50	医药制品	78	汽车零部件及配件
51	化学纤维制品	79	铁路运输和城市轨道交通设备
52	橡胶制品	80	船舶及相关装置
53	塑料制品	81	其他交通运输设备
54	水泥、石灰和石膏	82	电机
55	石膏、水泥制品及类似制品	83	输配电及控制设备
56	砖瓦、石材等建筑材料	84	电线、电缆、光缆及电工器材
57	玻璃和玻璃制品	85	电池
58	陶瓷制品	86	家用器具
59	耐火材料制品	87	其他电气机械和器材
60	石墨及其他非金属矿物制品	88	计算机
61	钢	89	通信设备
62	钢压延产品	90	广播电视设备和雷达及配套设备
63	铁及铁合金产品	91	视听设备
64	有色金属及其合金	92	电子元器件
65	有色金属压延加工品	93	其他电子设备
66	金属制品	94	仪器仪表
67	锅炉及原动设备	95	其他制造产品
68	金属加工机械	96	废弃资源和废旧材料回收加工品

续附表 26

编号	部门名称	编号	部门名称
97	金属制品、机械和设备修理服务	124	软件服务
98	电力、热力生产和供应	125	信息技术服务
99	燃气生产和供应	126	货币金融和其他金融服务
100	水的生产和供应	127	资本市场服务
101	房屋建筑	128	保险
102	土木工程建筑	129	房地产
103	建筑安装	130	租赁
104	建筑装饰、装修和其他建筑服务	131	商务服务
105	批发	132	研究和试验发展
106	零售	133	专业技术服务
107	铁路旅客运输	134	科技推广和应用服务
108	铁路货物运输和运输辅助活动	135	水利管理
109	城市公共交通及公路客运	136	生态保护和环境治理
110	道路货物运输和运输辅助活动	137	公共设施及土地管理
111	水上旅客运输	138	居民服务
112	水上货物运输和运输辅助活动	139	其他服务
113	航空旅客运输	140	教育
114	航空货物运输和运输辅助活动	141	卫生
115	管道运输	142	社会工作
116	多式联运和运输代理	143	新闻和出版
117	装卸搬运和仓储	144	广播、电视、电影和影视录音制作
118	邮政	145	文化艺术
119	住宿	146	体育
120	餐饮	147	娱乐
121	电信	148	社会保障
122	广播电视及卫星传输服务	149	公共管理和社会组织
123	互联网和相关服务		

附表 27　中国 42 部门经济投入产出表部门名称和编号

编号	部门名称	编号	部门名称
1	农林牧渔产品和服务	22	其他制造产品
2	煤炭采选产品	23	废品废料
3	石油和天然气开采产品	24	金属制品、机械和设备修理服务
4	金属矿采选产品	25	电力、热力的生产和供应
5	非金属矿和其他矿采选产品	26	燃气生产和供应
6	食品和烟草	27	水的生产和供应
7	纺织品	28	建筑
8	纺织服装鞋帽皮革羽绒及其制品	29	批发和零售
9	木材加工品和家具	30	交通运输、仓储和邮政
10	造纸印刷和文教体育用品	31	住宿和餐饮
11	石油、炼焦产品和核燃料加工品	32	信息传输、软件和信息技术服务
12	化学产品	33	金融
13	非金属矿物制品	34	房地产
14	金属冶炼和压延加工品	35	租赁和商务服务
15	金属制品	36	科学研究和技术服务
16	通用设备	37	水利、环境和公共设施管理
17	专用设备	38	居民服务、修理和其他服务
18	交通运输设备	39	教育
19	电气机械和器材	40	卫生和社会工作
20	通信设备、计算机和其他电子设备	41	文化、体育和娱乐
21	仪器仪表	42	公共管理、社会保障和社会组织